应用型大学计算机专业系列教材

中小企业网站建设与管理

（第2版）

赵立群　刘靖宇　主　编
范晓莹　武　静　副主编

清华大学出版社
北京

内 容 简 介

本书根据网站建设与管理发展的新特点,结合中小企业网站建设实例,具体介绍 Web 技术基础、Web 技术实训、网站策划、建站技术、建站工具的使用方法、网站测试与上传、网站推广、网站评价、管理和升级等基本知识,并通过实训加强训练,从而提高学习者的应用能力。

本书知识系统,贴近实际,注重专业技术与实践应用相结合,既可作为应用型大学计算机应用、网络管理、电子商务等专业的教材,也可以作为企业信息化培训的教材,还可以为广大中小企业网站建设从业人员及管理人员提供有益的学习指导。

图书在版编目(CIP)数据

中小企业网站建设与管理/赵立群,刘靖宇主编.—2 版.—北京:清华大学出版社,2023.6
应用型大学计算机专业系列教材
ISBN 978-7-302-63304-4

Ⅰ.①中… Ⅱ.①赵… ②刘… Ⅲ.①中小企业-网站-开发-高等学校-教材 ②中小企业-网站-管理-高等学校-教材 Ⅳ.①TP393.092

中国国家版本馆 CIP 数据核字(2023)第 059264 号

责任编辑:王剑乔
封面设计:常雪影
责任校对:李 梅
责任印制:朱雨萌

出版发行:清华大学出版社
网   址:http://www.tup.com.cn,http://www.wqbook.com
地   址:北京清华大学学研大厦 A 座   邮   编:100084
社 总 机:010-83470000   邮   购:010-62786544
投稿与读者服务:010-62776969,c-service@tup.tsinghua.edu.cn
质量反馈:010-62772015,zhiliang@tup.tsinghua.edu.cn
课件下载:http://www.tup.com.cn,010-83470410
印 装 者:北京国马印刷厂
经   销:全国新华书店
开   本:185mm×260mm   印   张:15.25   字   数:348 千字
版   次:2016 年 5 月第 1 版 2023 年 7 月第 2 版   印   次:2023 年 7 月第 1 次印刷
定   价:49.00 元

产品编号:089666-01

本书编委会

PREFACE

　　微电子技术、计算机技术、网络技术、通信技术及多媒体技术等高新科技的飞速发展和普及应用不仅有力地促进了各国经济的发展,加速了全球经济一体化的进程,而且促使当今世界迅速跨入信息社会。以计算机为主导的计算机文化正在深刻地影响着人类社会的经济发展与文明建设,以网络为基础的网络经济正在全面地改变着传统的社会生活、工作方式和商务模式。当今社会,计算机应用水平、信息化发展速度与程度已经成为衡量一个国家经济发展和竞争力的重要指标。

　　目前我国正处于经济快速发展与社会变革的重要时期,随着经济转型、产业结构调整及传统企业改造的不断进行,涌现出了大批电子商务、新媒体、动漫、艺术设计等新型文化创意产业,这一切都离不开计算机,都需要网络等现代化信息技术手段的支撑。处于网络时代、信息化社会,今天人们的大部分工作都已经全面实现了计算机化、网络化。面对国际市场的激烈竞争,面对巨大的就业压力,无论是企业还是即将毕业的学生,掌握计算机应用技术已成为求生存、谋发展的关键技能。

　　没有计算机就没有现代化,没有计算机网络就没有我国经济的大发展。为此,国家出台了一系列关于加强计算机应用和推动国民经济信息化进程的文件及规定,启动了"电子商务""电子政务""金税"等具有深刻含义的重大工程,加速推进国防信息化、金融信息化、财税信息化、企业信息化、教育信息化、社会管理信息化,全社会又掀起了新一轮计算机应用的学习热潮,本套教材的出版具有特殊意义。

　　针对有些应用型大学"计算机应用技术"等专业教材陈旧、专业知识老化、重理论轻实践、缺乏实际操作技能训练的问题,为了适应我国国民经济信息化发展对计算机应用人才的需要,为了全面贯彻教育部关于"加强职业教育"精神和"强化实践实训、突出技能培养"的要求,根据企业用人与就业岗位的真实需要,结合应用型大学、职教本科和高职高专院校计算机应用和网络管理等专业的教学计划及课程设置与调整的实际情况,我们组织北京联合大学、陕西理工学院、北方工业大学、华北科技学院、北京财贸职业学院、山东滨州职业学院、山西大学、首钢工学院、包头职业技术学院、广东理工学院、北京城市学院、郑州大学、北京朝阳社区学院、哈尔滨师范大学、黑龙江工商大学、北京石景山社区学院、海南职业学院、北京西城经济科学大学等全国 30 多所高校的计算机教师和具有丰富实践经验的企业人士共同撰写了本套教材。

　　本套教材包括《数据库技术应用教程(SQL Server 2012 版)》《Web 静态网页设计与排版》《计算机英语实用教程》《网络系统集成》《中小企业网站建设与管理(第 2 版)》等。在编写过程中,作者自觉坚持以科学发展观为统领,严守统一的创新型案例教学格式化设计,采取任务制或项目制编写方法;注重校企结合、贴近行业企业岗位实际,注重实用性技术与应用能力的训练培养，注重实践技能应用与工作背景紧密结合，同时注重计算机、网络、通信、多媒体等现代化信息技术的新发展、新应用，具有集成性、系统性、针对性、实用性、易于实施教学等特点。

　　本套教材不仅适合应用型大学、职教本科及高职高专院校计算机应用、网络管理、电子商务等专业学生的学历教育，同时可作为工商、外贸、流通等企事业单位从业人员的职业教育和在职培训教程，对于广大社会自学者也是有益的参考学习读物。

牟惟仲

2023 年 3 月

前　言

FOREWORD

党的二十大报告指出,要统筹职业教育、高等教育、继续教育协同创新,推进职普融通、产教融合、科教融汇,优化职业教育类型定位。加快构建新发展格局,着力推动高质量发展,建设现代化产业体系,既需要数以万计的顶尖大师、领军人物攻克"卡脖子"问题,同时也需要数以亿计的技能型人才解决"卡身子""卡腿"问题。培养将设计变成产品、创新变为现实、技术转变为生产力的技能型人才,就是解决"卡身子""卡腿"问题。它既不可或缺,更不可替代。

随着计算机网络通信技术的飞速发展,计算机网络应用已经渗透到人们工作、生活的方方面面。中小企业网站建设管理既是信息化推进的基础,也是网络经济发展的关键环节。网络经济促进国民经济快速发展,企业网站运营作为现代科技进步催生的新型生产力,在促进生产、拉动内需、解决就业、扩大经营、促进外贸、开拓国际市场、加速传统产业升级、提高企业竞争力等方面发挥着重要作用,因此越来越受到我国政府和企业的高度重视。

"中小企业网站建设与管理"是高等院校计算机应用和网络管理专业重要的核心课程,也是大学生就业创业的必要条件和必须掌握的关键技能。

本书自第 1 版出版以来,因写作质量高,实用性强,故深受全国各高校广大师生的欢迎,目前已多次重印。此次改版,作者审慎地对第 1 版进行了结构调整并补充了新知识,主要是针对第 1~6 章进行修改,以使本书更贴近现代网站建设实际,更好地为国家数字产业经济发展服务。

本书作为计算机应用和网络管理专业的特色教材,注重以学习者应用能力培养为主线,坚持科学发展观,严格按照教育部关于"加强职业教育、突出实践技能培养"的要求,根据网站建设管理软硬件技术设备的发展,结合专业教学改革的实际需要,循序渐进地进行知识讲解,力求在学中做、在做中学,帮助学生真正能够利用所学知识解决实际问题。

本书共 9 章,以学习者应用能力培养为主线,坚持科学发展观,紧密结合国内外网站建设发展的新特点,根据网站建设管理基本操作规程,介绍 Web 技术基础,Web 技术实训,网站策划,建站技术,建站工具的使用方法,网站测试与上传,网站推广,网站评价、管理和升级等基本知识,并通过实训加强技能训练,从而提高学习者的应用能力。

本书由李大军策划并具体组织,赵立群和刘靖宇任主编,赵立群统稿,范晓莹和武静任副主编,由王耀教授审定。作者编写分工如下:牟惟仲编写序言,赵立群编写第 1~3 章以及第 5 章和第 6 章,武静编写第 4 章,刘靖宇编写第 7 章和第 8 章,范晓莹编写第

9章；李晓新负责文字修改、版式整理和制作教学课件。

  在本书改版过程中，我们参阅了中外相关企业网站建设与管理的最新书刊、企业案例、网络资料以及国家历年颁布实施的相关法规和管理规定，并得到计算机行业协会及业界专家教授的具体指导，在此一并致谢。为方便教学，本书配有电子课件，读者可以从清华大学出版社网站(www.tup.com.cn)免费下载使用。因网站建设技术发展日新月异，加之作者水平有限，书中难免存在不妥之处，敬请广大读者批评指正。

编　者

2023 年 3 月

CONTENTS

第 1 章

绪　论

学习目标

➤ 了解网站建设与管理的流程。

➤ 了解数据在 Internet 传输需要的通信环境。

➤ 掌握网站的类型和特点。

1.1　课程定位与网站建设流程

中小企业网站建设与管理既是一门涉及计算机应用技术、计算机网络技术等专业的课程,也是一门技术性、应用性和综合性很强的课程,是计算机相关专业在 Web 技术方向上的核心课程。它是继学习计算机网络基础、数据库基础、静态网页设计和动态网页设计等课程的基础上,开设的一门与未来实际工作直接接轨的实用性课程。

1.1.1　课程定位

具体来说,本教材主要讲授以下几方面的内容。

1. 网站规划

网站规划主要分为需求分析、可行性分析、确定网站主题及内容、划分网站功能和栏目,选择技术方案、制订资源分配计划、确定实施方案等内容。

2. 网站设计

网站设计是将网站规划中的内容、网站的主题模式等以艺术的形式和技术的手段表现出来,是一个把软件需求转换成用网站表示的过程,包括美工设计、前端页面设计和后台功能设计。

3. 网站测试

网站测试是在网站交付给用户使用或者正式投入运行之前和之后,对网站的需求规格说明、设计规格说明和代码的最终复审,是保证网站质量和正常运行的关键步骤。网站测试是为了发现错误而运行网站的过程。

4. 网站上传

通过 FTP 工具等方式将设计的网站上传到服务器的过程。一般网站上传需要对网站文件和网站的数据库分别上传。

5. 网站推广

网站推广就是让更多的人知道自己的网站,包括百度推广、短视频推广、博客推广、微博推广、论坛推广、搜索引擎推广等手段。

6. 网站管理与维护

网站管理与维护就是对运行的网站进行维护、更新,并配备专门的管理人员完成日常管理。

【小贴士】

常有人将"网站建设"与"网页设计"课程混为一谈。事实上,"网站建设"与"网页设计"是既有联系又有区别的两个概念。

"网页设计"主要是指"网页制作",它是关于网页页面的设计和制作技术,好比修房子时砌砖、抹水泥、扎钢筋等工作;而"网站建设"讲授的是设计网站建设的前期准备策划,硬件、软件的准备,网站设计,网站的发布,后期的推广运营等网站总体设计方法,就好比工程建设里面的规划设计,如房子盖在哪、盖几层、房屋结构是什么样的等内容。"网站建设"中包含网页设计的内容,但内涵更广泛。

"中小企业网站建设与管理"课程定位与就业的关系如图 1-1 所示。

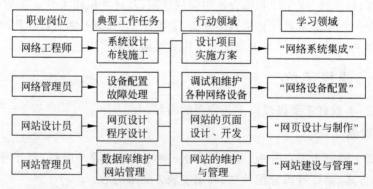

图 1-1 "中小企业网站建设与管理"课程定位与就业的关系

综合来说,"网站建设与管理"是一门集网络技术、网页制作技术、网页程序设计、数据库技术、网站管理、项目管理等知识于一体的综合性学科。

1.1.2 网站建设与管理的基本流程

网站建设主要由企业客户和开发方两方面共同完成。图 1-2 显示了网站建设与管理的流程。在实际中,网站建设的步骤略有不同。一般来说,开发方在签订合同前,不会进行特别详细的规划,可能只是给出一个大概的规划方案,签订合同后才会给出比较详细的规划和建设方案。本教材的后续章节将陆续讲述网站建设的各个流程。

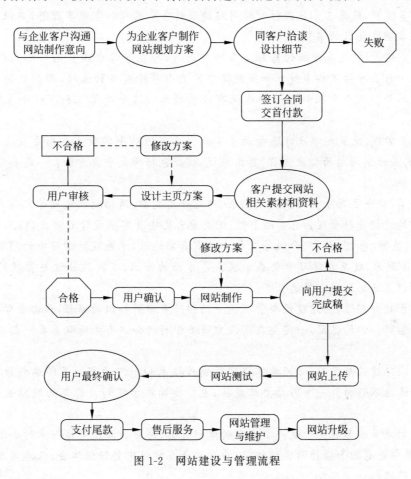

图 1-2 网站建设与管理流程

【小贴士】

本教材名为《中小企业网站建设与管理(第 2 版)》,其中"中小企业"的限定词将对网站建设的规模、投入的资金、运作方式等有影响,但对网站建设和管理的流程而言,并没有影响,因为无论是大型企业,还是中小企业,其网站建设的步骤都是类似的。

至于中小企业和大型企业的区别,在不同的国家和地区及不同的行业也都是有区别的。

一般而言,由于中小企业的资金规模不是很大,因此在网站建设中必然受到资金投入的影响,因而在做网站策划时就要充分考虑这一情况,网站建设的可行性分析、建设方式、资金预算、网站推广等后续工作都不能脱离"中小企业"这一特点,而要选择符合实际的最佳方案。

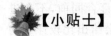

【小贴士】

学习本门课程,要做到"四多",即多理解、多思考、多实践、多联系。

(1) 多理解,就是在学习教材时对网站建设的各个流程和步骤多理解,要做到掌握和理解每个步骤中要做的事情。

(2) 多思考,就是在理解的基础上多进行思考,即在学习中要多问自己几个为什么:这步流程为什么要做这些事情?如果做其中的某个事情有多种选择,那到底做哪种选择才是最有利的?这个步骤和前一个步骤有什么联系?这个步骤又和下一个步骤有什么联系?

(3) 多实践,就是在学习时还要动手实践。这里的动手实践主要指要自己动手去操作,实际完成示例网站的相应流程,具体来说,实践包括两大重要方面:一是要动手写,二是要动手做。

动手写,就是要动手去写网站策划书、网站开发文档、网站测试文档等文字内容,体会网站开发的文档资料管理内容;动手做,就是要自己去真实地设计并开发网站,并完成相应的上传、发布、管理、推广、升级等工作。只有真实地做,才能发现学习中的问题。

(4) 多联系,就是在学习中要善于联系各方面的知识,在网站建设与管理的实践中,将相关知识真正做到融会贯通。

前面已经介绍过,网站建设与管理是一门涉及多学科知识的课程,读者在学习中要注意体会多学科知识的运用,一定要在实践中将多学科的知识有机地联系在一起,加以思考和分析。

学习网站建设与管理,必须要掌握网页制作技术和一门动态网页的编程语言。但仅有技术是远远不够的。一个网站要想成功,更重要的在于规划。前期的网站策划工作更为重要。

本教材每章前都有关于这一章内容的学习目标,每章后面还有这一章的小结和练习,第2~9章中还有动手操作的实训练习,希望读者在学习中要仔细体会,认真实践,以便真正学好这门课程。

1.2　Web 系统运行的基础平台 Internet

因特网(Internet)是全球最大的一个计算机互联网,由美国的 ARPA 网发展演变而来。它是网络与网络互联而成的网络,这些网络以一组通用的协议相联,形成逻辑上的单一且巨大的全球化网络。在这个网络中有交换机、路由器等网络设备、各种不同的连接链路、种类繁多的服务器和数不尽的计算机、终端等。使用 Internet 可以将信息瞬间发送到千里之外的设备中,它是信息社会的基础。

1.2.1　计算机网络

计算机网络系统就是利用通信设备和线路将地理位置不同、功能独立的多个计算机系统互联起来,以功能完善的网络软件实现网络中资源共享和信息传递的系统。通过计算机的互联,实现计算机之间的通信,从而实现计算机系统之间的信息、软件和设备资源的共享以及协同工作等功能,其本质特征在于提供计算机之间各类资源的高度共享,实现便捷地交流信息。

1. 从网络系统集成角度看网络构成

从网络系统集成的角度看,计算机网络设备主要包括网卡、集线器、交换机、路由器和网关等,这些功能、性能不同的设备构成了计算机网络硬件的实体,网络实体的层次结构如图 1-3 所示。

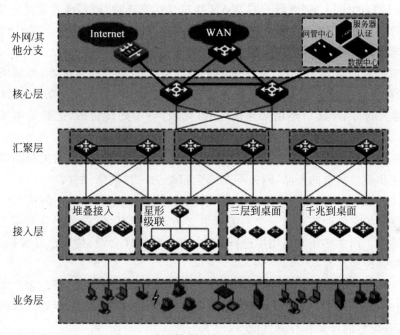

图 1-3 从网络集成角度看网络构成

(1)网卡又叫网络适配器,是计算机接入网络的物理接口。每一台接入网络的计算机,包括工作站和服务器,都必须在它的扩展槽中插入一个网卡,通过网卡上的电缆接头接入网络的电缆系统。

网卡一方面要完成计算机与电缆系统的物理连接;另一方面,它要根据所采用的介质访问控制(MAC)协议实现数据帧的封装和拆封,以及差错校验和相应的数据通信管理。网卡是与通信介质和拓扑结构直接相关的硬件接口。

(2)集线器的主要功能是对接收到的信号进行再生整形放大,以扩大网络的传输距离,同时,把所有节点集中在以它为中心的节点上。它工作于 OSI 参考模型的第一层,即物理层。集线器与网卡、网线等传输介质一样,属于局域网中的基础设备,采用 CSMA/CD 访问方式。

(3)交换机也称交换式集线器,是一种工作在数据链路层上的、基于 MAC(网卡的介质访问控制地址)识别、能完成封装转发数据包功能的网络设备,也可以看作是多端口的桥,它通过对信息进行重新生成,并经过内部处理后转发至指定端口,具备自动寻址功能和交换作用。

（4）路由器是一种连接多个网络或网段的网络设备,它可以对不同网络或网段之间的数据信息进行"翻译",以使它们能够相互"读"懂对方的数据,从而构成一个更大的网络;路由器构成了 Internet 的骨架。工作在不同层面的路由设备性能不同,核心层的设备性能高于汇聚层,汇聚层的设备性能高于接入层的设备。

路由器有多个端口,端口分为 WAN 接口和 LAN 接口。

① WAN 接口又称为广域网接口,路由器与广域网连接的接口称为广域网接口。

WAN 接口的作用:路由器上的 WAN 接口是用来连接外网,或者说是连接宽带运营商的设备的。例如电话线上网时 WAN 接口用来连接 Moden;光纤上网时,WAN 接口用来连接光猫;网线入户上网时,WAN 接口用来连接入户网线。

② LAN 接口(局域网接口)主要是用于路由器与局域网的连接,因局域网类型也是多种多样的,所以这就决定了路由器的局域网接口类型也可能是多样的。LAN 接口的作用:路由器上的 LAN 接口是用来连接内网(局域网)中的设备的,主要是用来连接计算机、交换机、打印机等设备。

（5）网关(Gateway)是一个网络连接到另一个网络的"关口"。网关是能够连接不同网络的软件和硬件结合的产品,网关不能完全归纳为一种网络硬件。它可以使用不同的格式、通信协议或结构连接两个系统,又称网间连接器、协议转换器。网关实际上通过重新封装信息以使它们能够被另一个系统读取。为了完成任务,网关必须能够运行在 OSI 模型的各层上。网关必须同应用层进行通信、建立和管理会话、传输已经编码的数据,并解析逻辑和物理地址数据。

（6）计算机与服务器:这里的计算机一般指浏览网站或应用程序的客户端所使用的设备,它们一般是 PC、手机、iPad 等。服务器是响应用户需求的高性能计算机或计算机集群,它具有出色的计算和存储性能。

2. 从计算机网络在数据通信过程中的数据转换角度看网络构成

从计算机网络在数据通信过程中的数据转换角度看,计算机网络的体系结构如图 1-4 所示。

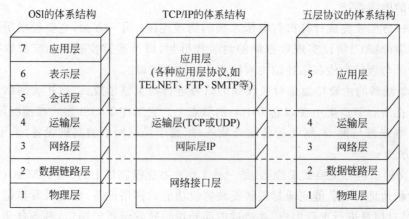

图 1-4　计算机网络的体系结构

Internet 是基于 TCP/IP 协议簇实现的,该协议簇由数十个具有层次结构的协议组成,其中 TCP 和 IP 是该协议两个最重要的核心协议。TCP/IP 协议簇按层次可分为以下四层:应用层、传输层、网络层和网络接口层。

(1)应用层:向用户提供一组常用的应用程序,比如 Web、电子邮件、文件传输访问、远程登录等。远程登录 TEINET 使用 TEINET 协议提供在网络其他主机上注册的接口。TELNET 会话提供了基于字符的虚拟终端。文件传输访问 FTP 使用 FTP 协议提供网络内机器间的文件复制功能。

(2)传输层:提供应用程序间的通信。其功能包括:第一,格式化信息流;第二,提供可靠传输。为实现后者,传输层协议规定接收端必须发回确认,并且假如分组丢失,必须重新发送。

(3)网络层:负责相邻计算机之间的通信。其功能包括以下三方面。

第一,处理来自传输层的分组发送请求,收到请求后,将分组装入 IP 数据报,填充报头,选择去往信宿机的路径,然后将数据报发往适当的网络接口。

第二,处理输入数据报:首先检查其合法性,然后进行寻径,假如该数据报已到达信宿机,则去掉报头,将剩下部分交给适当的传输协议;假如该数据报尚未到达信宿机,则转发该数据报。

第三,互联网是由大量的异构网络通过路由器相互连接起来的。互联网使用的网络层协议是无连接的网络协议和许多路由选择协议,处理路径选择、流控、拥塞等问题。

(4)网络接口层:这是 TCP/IP 软件的最底层,负责接收 IP 数据报并通过网络发送它,或者从网络上接收物理帧,抽出 IP 数据报,交给 IP 层。网络接口层用来处理连接网络的硬件部分,包括硬件的设备驱动、NIC(Network Interface Card,网卡)及光纤等物理可见部分,还包括连接器等一切传输媒介。也就是说,硬件上的范畴均在链路层的作用范围之内。

图 1-5 表明了企业级或园区级计算机网络内计算机之间的数据通信过程,它构筑了网络应用的基础硬件平台,为信息应用打下了良好的基础。

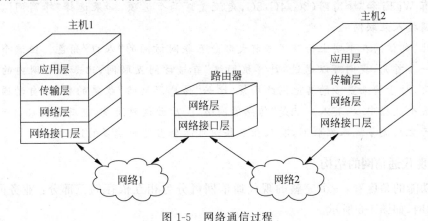

图 1-5 网络通信过程

1.2.2　Web 运行基础电信环境

电信网是实现远距离通信的重要基础设施，它的主要功能是按用户的需要传递和交流信息，以实现用户间的远距离通信。计算机网络之间的远距离数据传输必须依靠电信网提供的长距离服务为基础，才能充分发挥计算机网络的功能。近些年我国电信网技术有了突飞猛进的发展，为计算机网络和 Internet 发展及广泛应用提供了坚强的保障。新的接入网技术的使用更是提高了中小企业网站运行效率，降低了运行成本。

🔔【小贴士】

互联网与电信网的不同如下。

第一，互联网与电信网的定位和使命不同。

从互联网的角度看。其核心使命是"互联"，其首要设计目标是让"互联网"的规模增长得越大越好，完成上三层的设计与实现任务。电信网作为连接用户的关键网络，主要完成底层数据传输任务。电信网对于互联网来说是非常重要的组成部分之一。但除了电信网，互联网还有其他很多重要的组成部分，比如广泛存在的"计算机局域网"（包括企业网、园区网、提供互联网服务的数据中心网络等）、各种传感器网络，甚至未来的空间网络等。互联网技术最重要的目标就是把这些网络都尽可能地互联起来。规模越大，互联网的价值就越大；被连接的网络之间差异性越大，互联网为未来提供的想象空间就越大。

从电信网的角度看。电信网（电话网络、无线通信网络）的历史远早于互联网，早期电信网是一种面向特定业务（话音业务）的"网络"，后来又提供各种数据业务。但不管是早期的话音业务，还是后来的数据业务，电信网归根到底是一种"业务"网络，其核心使命是为用户提供更好的"业务"。因此，在电信网的许多设计中，会把"业务"需求和"网络"设计耦合得比较紧。对电信网来说，"互联"不是最重要的使命，"业务"才是最重要的使命。这是自身定位所导致的，没有对错之分。

第二，电信网是当前大部分互联网服务的访问"入口"。

由于历史政治等多方面的原因，公众用户的互联网接入服务，是由电信网运营商所提供的。比如我们常用的家庭宽带服务，就是运营商提供的；我们用手机访问互联网服务的时候有 Wi-Fi 和"蜂窝网（3G/4G/5G，走流量）"两个选项，如果选择"蜂窝网"，也是通过电信网接入互联网的。

因此，电信网在事实上扮演了当前大部分互联网访问的"入口"角色。但这个"入口"并非唯一。首先，我们可以通过"计算机网络"直接访问互联网，比如教育网内的用户入口。其次，对于将来更多的其他网络场景，比如"传感器网络"收集的数据，自动通过互联网传到某个数据中心，其入口就是"传感器网络"。后面这种流量，也就是由机器或者物体所自动产生的流量流入互联网，将来在互联网可能会占越来越多的比例。

1. 现代通信网的结构

从功能的角度看，一个完整的现代通信网可分为相互依存的三部分：业务网、传送网、支撑网，如图1-6所示。

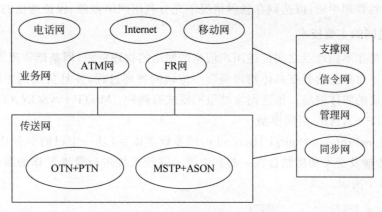

图 1-6 电信网的层次结构

1）业务网

业务网负责向用户提供各种通信业务,如基本话音、数据、多媒体、租用线、VPN 等,采用不同交换技术的交换节点设备通过传送网互联在一起就形成了不同类型的业务网。

2）传送网

传送网是随着光传输技术的发展,在传统传输系统的基础上引入管理和交换智能后形成的。传送网独立于具体业务网,负责按需为交换节点/业务节点之间的互联分配电路,在这些节点之间提供透明的信息传输通道,它还包含相应的管理功能,如电路调度、网络性能监视、故障切换等。构成传送网的主要技术要素有传输介质、复用体制、传送网节点技术等。

传送网节点与业务网的交换节点相似之处在于:传送网节点也具有交换功能。不同之处在于:业务网交换节点的基本交换单位本质上是面向终端业务的,粒度很小,例如一个时隙、一个虚连接;而传送网节点的基本交换单位本质上是面向一个中继方向的,因此粒度很大,例如 SDH 中基本的交换单位是一个虚容器(最小是 2Mb/s),而在光传送网中基本的交换单位则是一个波长(目前骨干网上至少是 2.5Gb/s)。另一个不同之处在于:业务网交换节点的连接是在信令系统的控制下建立和释放的,而光传送网节点之间的连接主要是通过管理层面来指配建立或释放的,每一个连接需要长期化维持和相对固定。

3）支撑网

支撑网负责提供业务网正常运行所必需的信令、同步、网络管理、业务管理、运营管理等功能,由同步网、信令网、管理网组成。

（1）同步网处于数字通信网的最底层,负责实现网络节点设备之间和节点设备与传输设备之间信号的时钟同步、帧同步以及全网的网同步,保证地理位置分散的物理设备之间数字信号的正确接收和发送。

（2）对于采用公共信道信令体制的通信网,存在一个逻辑上独立于业务网的信令网,它负责在网络节点之间传送业务相关或无关的控制信息流。

（3）管理网的主要目标是通过实时和近实时来监视业务网的运行情况,并相应地采取各种控制和管理手段,以达到在各种情况下充分利用网络资源,保证通信的服务质量。

2. 传送网的主要技术

传送网是在不同地点之间传递用户信息的网络的物理资源,即基础物理实体的集合。传送网的描述对象是信号在具体物理媒质中传输的物理过程,并且传送网主要是指由具体设备所形成的实体网络。传送网常见组网模式有两种:MSTP+ASON、OTN+PTN。

1) MSTP+ASON 组网模型

SDH(Synchronous Digital Hierarchy,同步数字体系)是一个以时分复用为基础,将复接、线路传输及交叉功能结合在一起并由统一网管系统进行管理操作的综合信息网络技术,如图 1-7 所示。

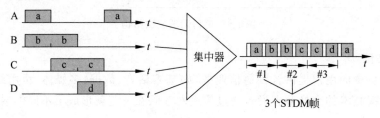

图 1-7　时分复用

在结构组成上,SDH 由终端复用器(TM)、分插复用器(ADM)、再生中继器(REG)和同步数字交叉连接设备(DXC)基本网元组成。ADM 的作用是将低速支路信号交叉复用到线路上去,或从线路端口收到的线路信号中拆分出低速支路信号,同时,它还可将设备两侧的 STM-N 信号进行交叉连接。

DXC 主要完成 STM-N 信号的交叉连接,它实际上相当于一个交叉矩阵,完成各个信号间的交叉连接。

DXC 可将输入的 M 路 STM-N 信号交叉连接到输出的 N 路 STM-N 信号上;REG 有两种,一种是纯光学的再生中继器,主要进行光功率放大以延长光传输距离;另一种是用于脉冲再生整形的电再生中继器,主要通过光/电变换(O/E)、电信号抽样、判决、再生整形、电/光变换(E/O)等处理,以达到不积累线路噪声、保证传送信号波形完好的目的。信息就是通过这些设备在光纤上进行同步信息传输、复用、分插和交叉连接的,如图 1-8 所示。

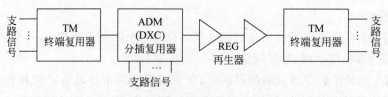

图 1-8　SDH 通信技术结构组成

在信号传输过程中,SDH 技术主要通过三个步骤开展作业。

第一,信息映射。在这个过程中,原始信号经过统一的码速调整,进行标准同期,并在传输通道中,经过通道开销进入虚容器中进行帧相位的加工。

第二,定位过程。经过帧相位加工的信号会发生一定的信号偏差,通过定位过程将信息收进支路单元或管理单元,通过相应的单元指针进行信号的重新定位,从而保持相应的信号功能。

第三,复用过程。定位完成的信号通过字节交错间插方式进行原始信号的复位,然后经过通道转化为原始的支路信号传递给用户,因此,复用过程实际上是另一种同步复用原理与数据的串并变换的结合。

MSTP(Multiple Service Transmit Platform,多业务传送平台)是指可同时实现TDM、ATM、以太网等多种业务的接入、处理和传送,并提供统一网管的平台。目前的MSTP一般都基于SDH,它可提供的业务有PDH/SDH、ATM、以太网IP、存储区域网络(SAN)、图像业务等。MSTP可以对TDM业务提供很好的支持,而对于IP业务,则需要把IP数据映射到SDH帧中去,映射可采用点对点协议(PPP)、链路接入协议(LAPS)或通用成帧规程(GFP)等。

为了进一步提高带宽利用率,MSTP还采用了弹性分组环(RPR)、虚级联(VC)、链路容量调整机制(LCAS)等技术。其中,RPR利用空间复用、拓扑自动识别等技术,可提高带宽利用率,实现网络的快速恢复;VC把多个小的容器级联起来组装成一个较大的容器传送数据;LCAS可在不中断数据流的情况下动态地调整虚级联的个数,以适应实时变化的数据流带宽。

ASON(Automatically Switched Optical Network,自动交换光网络)是以SDH和光传送网(OTN)为基础的自动交换传送网。此前的光传送网只有传送平面和管理平面,没有分布式智能化的控制平面。

ASON的功能由三个平面和作为辅助网络的数据通信网(Data Communications Network,DCN)完成。它们的作用如下:控制平面由一组通信实体组成,负责完成呼叫控制和连接控制功能,并在发生故障时恢复连接。控制平面就好比是导航仪,能自动寻找路由,还能在发生错误时重新计算路由,实现保护和恢复。控制平面能收集和扩散网络拓扑信息,快速有效地配置业务连接,重配置或修改业务连接。支持多种保护和恢复方案,支持流量控制工程,不受路由区域及传输资源子网划分的限制,不受连接控制方式的限制。

管理平面完成对控制平面、传送平面以及数据通信网的管理功能。控制平面、传送平面和数据通信网将各自发生的告警、性能、事件等管理信息上报给管理平面,由管理平面确保所有平面之间的协同工作。管理平面就好比是开车的司机,由它给导航仪设置目的地,并在整个行程中对导航仪和车辆进行管理控制。

传送平面完成光信号传输、复用、配置保护倒换和交叉连接等功能,并确保所传光信号的可靠性。传送平面就好比是道路,光信号就是在道路上行驶的车辆。

DCN为控制平面、管理平面、传送平面内部以及三者之间的通信提供带外传送通路,主要承载与控制平面相关的分布式信令消息和与传送平面相关的管理信息。

MSTP+ASON组网模型随着IP业务的快速增长,对网络带宽的需求变得越来越大。由于IP业务量本身的不确定性和不可预见性,对网络带宽的动态分配要求也越来越迫切。现有MSTP技术提高了数据业务在城域网中传送的效率,为数据业务的传送提供了一定的QoS(服务质量)保证,但由于主要是靠人工配置网络连接的原始方法,耗时、费力、易出错,不能完全满足对网络带宽实施动态分配、调拨和实现有效的网络优化要求。ASON 是智能地自动完成光网络交换连接功能的新一代光传送网。ASON 与 MSTP 结合,由 MSTP 提供下层的物理传送通道,完成传送平面的功能,由 ASON 完成网络智能的控制和管理,两者有机结合构建新型城域网,能满足新业务的需求,如图 1-9 所示。

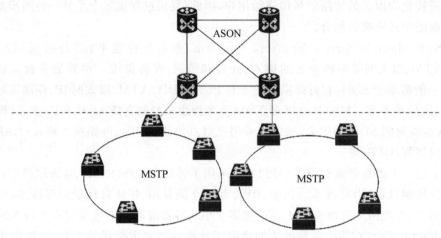

图 1-9　ASON 与 MSTP 组网

2) OTN＋PTN 组网模型

WDM(波分复用)是物理层技术,它将多个波长在发送端合在一起,如图 1-10 所示。

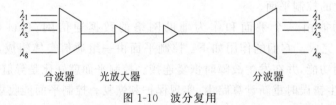

合波器　　　光放大器　　　　　　　分波器

图 1-10　波分复用

以图 1-10 为例,对光传送网来讲,每个波长带宽为 10Gb/s,波分复用的带宽就为 80Gb/s,同时光在传送网中能够远距离传送达 600～2000km,所以使用波分复用技术可以解决一个大容量、远距离的问题,但是波分复用不能组成环,这就需要引入 SDH 强大的操作,使它具有维护、管理与指配(OAM)功能。

OTN(Optical Transport Network,光传送网)是以波分复用技术为基础,在光层组织网络的传送网。它是从传统的波分技术演进而来,主要加入了智能光交换功能,可以通过数据配置实现光交叉而不用人为跳纤,大大提升了波分设备的可维护性和组网的灵活性。同时,新的 OTN 网络也在逐渐向更大带宽、更大颗粒、更强保护演进。

PTN(Packet Transport Network,分组传送网)是基于包交换、端到端连接、多业务支持、低成本的网络。PTN 是在以以太网为外部表现形式的业务层和光传输介质之间设置一个层面,以满足 IP 业务流量的突发性和统计复用传送的要求,以分组业务为核心并支持 TDM、ATM 等多种其他电信业务。PTN 是包传送网,是传送网与数据网融合的产物,可利用各种底层传输通道(如 SDH/Ethernet/OTN),它依靠的协议是 MPLS-TP,具有完善的 OAM 机制,精确的故障定位和严格的业务隔离功能,最大限度地管理和利用光纤资源,保证了业务安全性,在结合 GMPLS 后,可实现资源的自动配置及网状网的高生存性。

PTN 的传送带宽较 OTN 要小。一般 PTN 最大群路带宽为 10Gb/s,OTN 单波10Gb/s,群路可达 400~1600Gb/s,最新的技术可达单波 40Gb/s。

在使用这些技术组网时,往往核心骨干层采用 OTN 组网,汇聚层及以下采用 PTN 组网,充分利用 OTN 将上联业务调度至 PTN 所属业务落地站点。在此组网模式中,OTN 不仅是一种承载手段,而且通过 OTN 对骨干节点上联的 GE/10GE 业务与所属交叉落地设备之间进行调度,其上联 GE/10GE 通道的数量可以根据该 PTN 中实际接入的业务总数按需配置,从而极大地简化了骨干节点与核心节点之间的网络组建,避免了在 PTN 独立组网模式中,因某节点业务容量升级而引起的环路上所有节点设备必须升级的情况,极大地节省了网络投资,其典型的组网如图 1-11 所示。

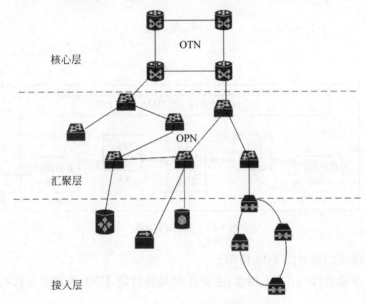

图 1-11 OTN+PTN 联合组网

3. 接入网的主要技术

接入网是指将用户计算机或计算机网络接入核心网的所有接入设备,如图 1-12 所示。

1) 电信网接入网标准技术

接入网泛指用户网络接口(UNI)与业务节点接口(SNI)之间实现传送承载功能的实体网络。因此,接入网可由三个接口界定,即网络侧经由 SNI 与业务节点相连,用户侧由 UNI 与用户相连,管理方面则经 Q3 接口与电信管理网(TMN)相连,如图 1-13 所示。

接入网有五个主要功能:用户接口功能(UPF)、业务接口功能(SPF)、核心功能(CF)、传送功能(TF)和系统管理功能(SMF)。

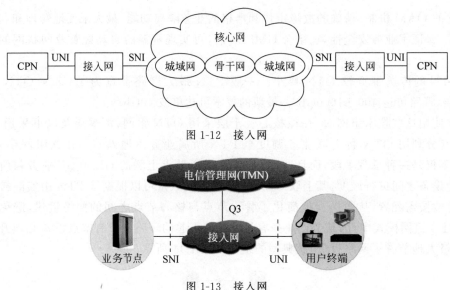

图 1-12　接入网

图 1-13　接入网

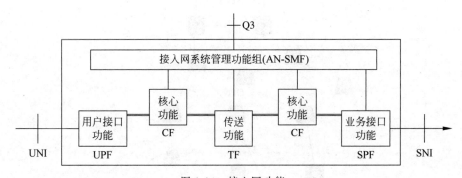

图 1-14　接入网功能

接入网的功能结构如图 1-14 所示。

用户接口功能直接与 UNI 相连，主要作用是将特定 UNI 的要求与核心功能和管理功能相匹配。

业务接口功能的作用主要有两个：一个是将特定 SNI 规定的要求与公用承载通路相匹配，以便于核心功能进行处理；另一个是选择有关信息，以便于在 AN 系统管理功能中进行处理。

核心功能位于 UPF 和 SPF 之间，其主要作用是将各个用户接口的承载要求或业务接口的承载要求适配到公共传送承载体之中，包括对协议承载通路的适配和复用处理，核心功能可以在接入网中分配。

传送功能为接入网中不同地点之间的公共承载通路提供传输通道，并进行所用传输介质的适配。

系统管理功能的主要作用是对 UPF、SPF、CF 和 TF 功能进行管理，例如，配置、运行、维护等，并通过 UNI 和 SNI 协调用户终端与业务节点的操作。

维护管理接口 Q3 是接入网与电信管理网的接口。Q3 接口是电信管理网与各被管理部分连接的标准接口。

电信管理网是收集、处理、传送和存储有关电信网操作维护和管理信息的一种综合手段,可以提供一系列管理功能,对电信网实施管理控制。

主流的接入网技术如下。

(1) 电话铜线接入技术。虽然电话铜线的传输带宽有限,但由于电话网非常普及,能提供方便快捷的接入方式,而且接入效率也不断提高,因此电话铜线接入技术在接入网中占着重要地位。

目前流行的铜线接入技术主要是 XDSL 技术。DSL 是 Digital Subscriber Line 的缩写,即所谓的数字用户环路,DSL 技术是基于普通电话线的宽带接入技术,它在同一铜线上分别传送数据和语音信号,数据信号并不通过电话交换机设备,减轻了电话交换机的负载,并且不需要拨号,一直在线,属于专线上网方式,这意味着使用 XDSL 上网并不需要交付另外的电话费。

XDSL 中的 X 代表了各种数字用户环路技术,它可分为 IDSL(ISDN 数字用户环路)、HDSL(利用两对线双向对称传输 2Mb/s 的高速数字用户环路)、SDSL(单线对双向对称传输 2Mb/s 的数字用户环路,传输距离比 HDSL 稍短)、VDSL(甚高速数字用户环路)、ADSL(不对称数字用户环路)、RADSL(RADSL 是自适应速率的 ADSL 技术,可以根据双绞线质量和传输距离动态地提交 640kb/s~22Mb/s 的下行速率,以及从 272kb/s 到 1.088Mb/s 的上行速率)。

(2) 光纤接入技术。光纤接入网是指以光纤为传输介质的网络环境。光纤接入网从技术上可分为两大类:有源光网络(Active Optical Network,AON)和无源光网络(Passive Optical Network,PON)。有源光网络又可分为基于 SDH 的 AON 和基于 PDH 的 AON;无源光网络可分为窄带 PON 和宽带 PON。

由于光纤接入网使用的传输媒介是光纤,因此根据光纤深入用户群的程度,可将光纤接入网分为 FTTC(光纤到路边)、FTTZ(光纤到小区)、FTTB(光纤到大楼)、FTTO(光纤到办公室)和 FTTH(光纤到户),它们统称为 FTTx。FTTx 不是具体的接入技术,而是光纤在接入网中的推进程度或使用策略。

2) IP 接入网标准技术

IP 接入网是指 IP 用户和 IP 业务提供者(ISP)之间提供接入 IP 业务能力的网络。IP 网络业务是通过用户与业务提供者之间的接口,以 IP 包传送数据的一种服务。IP 网络的结构如图 1-15 所示。

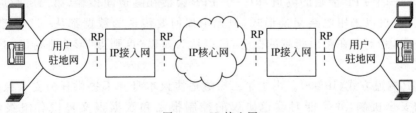

图 1-15 IP 接入网

IP 接入网与用户驻地网和 IP 核心网之间的接口是参考点(RP),如图 1-16 所示。RP 用来在逻辑上分离 IP 核心网和 IP 接入网功能,与传统电信接入网的用户网络接口(UNI)和业务节点接口(SNI)不同,RP 在某些 IP 网络中不与物理接口对应。在某些 IP 网中无法界定 IP 核心网与 IP 接入网,两者不可分割。IP 接入网的参考模型如图 1-16 所示。

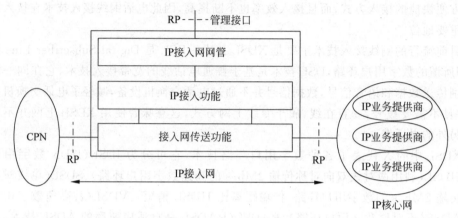

图 1-16   IP 接入网参考模型

图 1-16 中 CPN(Customer Premises Network,用户驻地网)位于用户驻地,可以是小型办公网络,也可以是家庭网络,可能是运营网络,也可能是非运营网络。接入网传送功能与 IP 业务无关,主要包括物理层和数据链路层功能。IP 接入可以采取多种传输机制,包括 PSTN、ISDN、B-ISDN、xDSL 接入系统、PON、SDH、HFC 等光纤系统,无线和卫星接入系统,LAN/WAN。各种传输机制具有不同的性能,可支持不同范围的业务,有不同的帧封装结构。IP 接入功能是指动态 IP 地址分配、NAT、AAA 和 ISP 的动态选择。系统管理功能是指系统配置、监控、管理。

从 IP 接入网的功能参考模型角度出发,IP 接入方式可分为五类:直接接入方式、PPP 隧道方式(L2TP)、IP 隧道方式(IPSec)、路由方式、多协议标记交换(MPLS)方式。

(1) 直接接入方式。用户直接接入 IP,此时 IP 接入网仅有两层,即 IP 接入网中仅有一些级联的传送系统,而没有 IP 和 PPP 等处理功能。此方式简单,是目前广泛采用的 IP 接入方式。

(2) PPP 隧道方式(L2TP)。从该节点至 ISP 使用第二层隧道协议(L2TP)构成用户到 ISP 的一个 PPP 会晤的隧道,即一个 PPP 会话在隧道间传输,第二层既可采用包交换形式,也可以采用电路交换形式,但无论如何要传送的数据都从一个物理实体地址到另一个,并不存在路由跨越的概念,可以认为是以"点到点"形式进行的,是一种仿真连接技术。

(3) IP 隧道方式(IPSec)。由于第二层隧道协议本身并不提供任何安全保障,仅提供较弱的安全机制,并不能对隧道协议的控制报文和数据报文提供分组级的保护,IPSec 隧道为 IP 通信提供安全性。该隧道可配置为保护两个 IP 地址或两个 IP 子网之间的通信。

（4）路由方式。接入点可以是一个第三层路由器或虚拟路由器。该路由器负责选择 IP 包的路径和转发下一跳。路由方式包括基于 ISDN 的连接和基于 FR 及租用专线的连接,支持 FR、IP/IPX、PIP/RIP2、OSPF、IGRP 等协议。

（5）多协议标记交换（MPLS）方式。接入点是一个 MPLS 的 ATM 交换机或具有 MPLS 功能的路由器。

1.3　Web 应用及中小企业 Web 系统技术特征

我们知道 Web 是 Internet 服务中的一种信息服务形式,它是以 B/S 架构为基础的。网络信息资源以 HTML 形式编成网页,诸多网页集合在一起形成网站,存储在服务器上。用户通过浏览器以 HTTP 约定的命令向服务器提出信息服务请求,并将返回信息进行解析,然后在浏览器上进行显示,以供浏览。从信息服务是否事先预订的角度看,Web 服务被分为静态网站技术和动态网站技术两个阶段。

1. 访问 Web 网站的过程

用户通过浏览器访问 Web 网站的过程如下。

（1）用户在自己的浏览器输入要访问的网站域名。

（2）浏览器向本地 DNS 服务器请求对应域名的解析。

（3）本地 DNS 服务器中如果缓存有此域名的解析结果,则直接向用户相应解析结果,如果没有缓存此域名的解析结果,则以递归的方式向上级 DNS 系统请求解析,获得结果后应答浏览器。

（4）浏览器得到域名解析的结果,即该域名服务器的 IP 地址,浏览器向此 IP 发出请求。

（5）服务器响应请求,把相应的数据传给浏览器。

参与这个过程的计算机与服务器如图 1-17 所示。

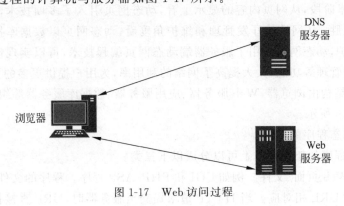

图 1-17　Web 访问过程

2. 网站技术的发展过程

在网站技术的发展过程中,经历了静态网站和动态网站的两个发展历程。

1）静态网站技术阶段

在这个阶段，HTML 语言就是 Web 向用户展示信息的最有效的载体。它通过提供超文本格式的信息，在客户机上显示出完整的页面。Web 服务器使用 HTTP 超文本传送协议将 HTML 文档从 Web 服务器传送到用户的 Web 浏览器上，其数据访问流程如图 1-18 所示。

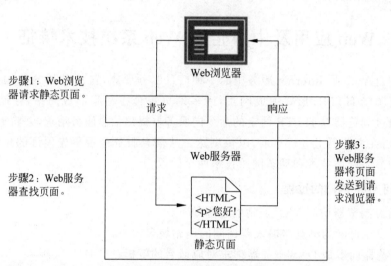

图 1-18   静态技术阶段的系统结构图

在本阶段，由于受 HTML 语言和浏览器的制约，Web 页面只包含了静态的文本和图像信息，限制了资源共享，它不能满足人们对信息多样性和及时性的要求。这一阶段的 Web 服务器只是一个 HTTP 的服务器，它负责接收客户机浏览器的访问请求，建立连接，响应用户的请求，查找所需的静态的 Web 页面，再返回到客户机。

2）Web 动态技术阶段

在这个技术阶段，从网页内容的显示上看，动态网页引入了多项技术，使网页内容更多样化，引人入胜；从网站的开发管理和维护角度看，动态网页以数据库技术为基础，更利于网站的维护，动态网页使用了服务器端动态网页编程技术，可以实现诸如用户注册、用户登录、数据管理等功能，大大提高了网络的利用率，为用户提供更多的方便，这个阶段 Web 系统功能结构由浏览器、Web 服务器、应用服务器、数据库服务器等组成。其数据访问流程如图 1-19 所示。

3）Web 动态程序的架构

Web 动态程序的架构基本上可以分成以下三类。

（1）基于 Web 页面/文件。例如 CGI 和 PHP/ASP 程序。程序的文件分别存储在不同的目录里，与 URL 相对应。当 HTTP 请求提交至服务器时，URL 直接指向某个文件，然后由该文件来处理请求，并返回响应结果。

例如 http://www.website.com/news/readnews.php? id＝1234，可以想象，我们在站点根目录的 news 目录下放置一个 readnews.php 文件。

这种开发方式最自然、最易理解，也是 PHP 最常用的方式。它产生的 URL 对搜索

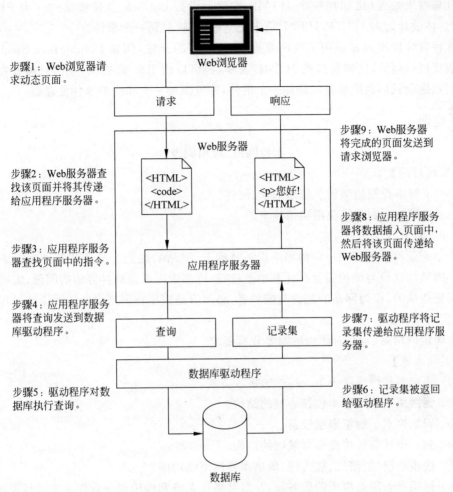

步骤1：Web浏览器请求动态页面。

步骤2：Web服务器查找该页面并将其传递给应用程序服务器。

步骤3：应用程序服务器查找页面中的指令。

步骤4：应用程序服务器将查询发送到数据库驱动程序。

步骤5：驱动程序对数据库执行查询。

步骤9：Web服务器将完成的页面发送到请求浏览器。

步骤8：应用程序服务器将数据插入页面中，然后将该页面传递给Web服务器。

步骤7：驱动程序将记录集传递给应用程序服务器。

步骤6：记录集被返回给驱动程序。

图 1-19 Web 2.0 阶段的系统结构图

引擎不友好，不过我们可以用服务器提供的 URL 重写方案来处理，例如 Apache 的 mod_ rewrite。

（2）基于动作（action）。这是 MVC 架构的 Web 程序所采用的最常见的方式。目前主流的 Web 框架像 Struts、Webwork（Java）、Ruby on Rails（Ruby）、Zend Framework（PHP）等都采用这种设计。URL 映射到控制器（controller）和控制器中的动作（action），由 action 来处理请求并输出响应结果。这种设计和上面的基于文件的方式一样，都是请求/响应驱动的方案，离不开 HTTP。

例如 http://www.website.com/news/read/id/1234，可以想象在代码中，会有一个控制器 newsController，其中有一个 readAction。不同框架可能默认实现方式稍有不同；有的是一个 Controller 一个文件，其中有多个 action；有的是每个 action 一个文件。这种方式的 URL 通常都很隐蔽，对搜索引擎友好，因为很多框架都自带有 URL 重写功能。

（3）基于组件（Component，GUI 设计也常称控件）、事件驱动的架构。最常见的是微软的.NET，其基本思想是把程序分成很多组件，每个组件都可以触发事件，调用特定的事件处理器来处理(比如在一个 HTML 按钮上设置 onClick 事件链接到一个 PHP 函数)。这种设计远离 HTTP,HTTP 请求完全抽象,映射到一个事件。

这种设计原本最常应用于传统桌面 GUI 程序的开发,例如 Delphi、Java Swing 等。所有表现层的组件,比如窗口或 HTML 表单,都可以由 IDE 来提供,我们只需要在 IDE 里单击或拖动鼠标就能够自动添加一个组件,并且添加一个相应的事件处理器。

 实训

本校网络、应用调查

【实训目的】

(1) 了解本校网络结构及使用的软、硬件。

(2) 掌握主要的网络应用实用技术。

【知识点】

中小企业网站运行在一定的网络设备基础上,网站的性能是与这些基础运行条件相关的。网站的建设与维护需要在此基础上进行,许多表面看是软件方面的问题,实质是硬件的问题造成的,作为网站的建设与维护者,必须清楚数据在网络设备间的流动过程。

【实训准备】

有确定的网站项目,有明确的需要分析要求。

【实训步骤】

(1) 确定本校网络接入 Internet 的接入方式。

(2) 到网络中心了解本校核心层的结构。

(3) 到汇聚点了解汇聚层设备。

(4) 到一个计算机房理解局域网的机构。

(5) 按核心层、汇聚层、接入层,画出本校网络结构图。

(6) 标明重点网络应用的服务器,并对其操作系统和应用服务软件功能进行说明。

(7) 对本校 Web 服务的特征进行分析(静态网站、动态网站)。

(8) 本校 Web 系统是否有数据库服务器,DBMS 为何,此 DBMS 有何优点?

(9) 本校网站是否有网站目录,是否提供对搜索引擎的支持。

(10) 写出本校网站的分析报告。

(11) 提交本校网络结构和网站分析报告。

本章小结

本章主要介绍本课程的定位和网站建设流程,同时对网站的基础运行环境进行了相应说明,尤其是介绍了电信网对远程数据传输的支持。引入它的目的之一是因为传统网络系统集成只讲校园网或园区网的设计与集成,而对电信网提供的跨网传递基本是透明的;目的之二是长距离网络传输的底层是以光作为信息的载体来传递的,正是由于这一点才使底层通信能以高通量进行。通过这方面的补充,可以描绘出 Web 在 Internet 传输时使用的主要技术。另外本章还介绍了中小企业网站的架构特点和技术演变过程。

本章习题

（1）简述本课程与网页设计的区别和练习。

（2）简述 TCP/IP 的层次结构，并说明各层的功能。

（3）简述电信网核心层的主要技术。

（4）简述接入网的主要接入形式。

（5）简述静态、动态网站的主要特征。

第 2 章

Web技术基础

学 习 目 标

> ➤ 掌握 HTTP 协议的基本内容。
> ➤ 了解浏览器与服务器的工作原理。
> ➤ 掌握 Windows Server 的结构与网络服务功能。

Web 是 Internet 上无数个网站和在它上面的存储的网页的集合,它以超文本技术为基础,将文字、图像、声音、动画、视频及其他数据资料等组成一个整体。可以说 Web 是当今全世界最大的电子资料库,是信息组织的一种形式。

Web 是建立在浏览器/服务器模型之上,以统一资源定位、HTML 语言和 HTTP 协议为基础,面向 Internet 用户提供界面一致的一种信息服务系统。Web 可以看作是 Internet 上一种资源组织方式。Web 常被当作 Internet 的同义词,但实际上它只是 Internet 的一项信息服务形式。

2.1 HTTP 协议

HTTP 协议是 Hyper Text Transfer Protocol(超文本传送协议)的缩写,是 Web 服务中服务器与浏览器进行数据通信时,遵从的通信联系方式和通信传输标准。HTTP 是一个基于 TCP/IP 通信协议,用来传送超文本数据(HTML 文件、图片文件、查询结果等)。HTTP 是一个属于应用层的面向对象的协议,由于其简捷、快速的方式,被广泛使用于分布式超媒体信息系统。它于 1990 年提出,经多年的使用与发展,到现在仍在不断地完善和扩展。

2.1.1 HTTP 通信过程

HTTP 协议工作于浏览器/服务器架构上。浏览器作为 HTTP 客户端通过 URL 向 HTTP 服务端即 Web 服务器发送所有请求。Web 服务器根据接收到的请求后,向客户机发送响应信息,其架构如图 2-1 所示。

图 2-1　Web 系统架构

1. 基本过程

(1) 连接:Web 浏览器与 Web 服务器建立连接,打开一个称为 socket(套接字)的虚拟文件,此文件的建立标志着连接建立成功。

(2) 请求:Web 浏览器通过 socket 向 Web 服务器提交请求。HTTP 的请求一般是 GET 或 POST 命令(POST 用于 FORM 参数的传递)。

(3) 应答:Web 浏览器提交请求后,通过 HTTP 协议传送给 Web 服务器。Web 服务器接到后,进行事务处理,处理结果又通过 HTTP 传回给 Web 浏览器,通过解析在 Web 浏览器上显示出所请求的页面内容。

(4) 关闭连接:当应答结束后,Web 浏览器与 Web 服务器必须断开,以保证其他 Web 浏览器能够与 Web 服务器建立连接。

2. 主要特点

(1) 简单快速:客户机向服务器请求服务时,只需传送请求方法和路径。请求方法常用的有 GET、HEAD、POST。每种方法规定了客户机与服务器联系的类型不同。由于 HTTP 协议简单,使得 HTTP 服务器的程序规模小,因而通信速度很快。

(2) 灵活:HTTP 允许传输任意类型的数据对象。正在传输的类型由 Content-Type 加以标记。

(3) 无连接:无连接的含义是限制每次连接只处理一个请求。服务器处理完客户机的请求,并收到客户机的应答后,即断开连接。采用这种方式可以节省传输时间。

(4) 无状态:HTTP 协议是无状态协议。无状态是指协议对于事务处理没有记忆能力。缺少状态意味着如果后续处理需要前面的信息,则它必须重传,这样可能导致每次连接传送的数据量增大。在服务器不需要先前信息时它的应答就较快。

(5) 支持 B/S(浏览器/服务器)及 C/S(客户机/服务器)模式。

2.1.2　请求信息格式简介

1. 请求报文格式

客户端发送一个 HTTP 请求到服务器的请求消息,如图 2-2 所示,包括请求行(request line)、请求头部(header)、空行和请求数据四个部分。

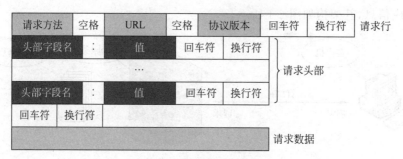

图2-2 请求报文格式

请求行以一个方法符号开头,以空格分开,后面跟着请求的 URL 和协议的版本。
下面是一个浏览器端 POST 请求例子:

```
POST / HTTP1.1
Host:www.wrox.com
User－Agent:Mozilla/4.0 (compatible; MSIE 6.0; Windows NT 5.1; SV1; .NET CLR 2.0.50727;
.NET CLR 3.0.04506.648; .NET CLR 3.5.21022)
Content－Type:application/x－www－form－urlencoded
Content－Length:40
Connection: Keep－Alive

name＝Professional％20Ajax&publisher＝Wiley
```

第一部分:请求行,第 1 行写明是 POST 请求,以及 HTTP1.1 版本。
第二部分:请求头部,第 2 行至第 6 行。
第三部分:空行,第 7 行的空行。
第四部分:请求数据,第 8 行。

2. HTTP 常用方法

HTTP 常用方法如表 2-1 所示。

表 2-1 HTTP 常用方法

方 法	内 容 解 释
GET	请求指定的页面信息,并返回实体主体
HEAD	类似于 get 请求,只不过返回的响应中没有具体的内容,用于获取报头
POST	向指定资源提交数据进行处理请求(如提交表单或者上传文件)。数据被包含在请求体中。此请求可能会导致新的资源的建立或已有资源的修改
PUT	从客户端向服务器传送的数据取代指定文档的内容
DELETE	请求服务器删除指定的页面
CONNECT	HTTP/1.1 协议中预留给能够将连接改为管道方式的代理服务器
OPTIONS	允许客户端查看服务器的性能
TRACE	回显服务器收到的请求,主要用于测试或诊断

2.1.3 HTTP 响应消息

1. 响应报文格式

响应报文格式如图 2-3 所示。

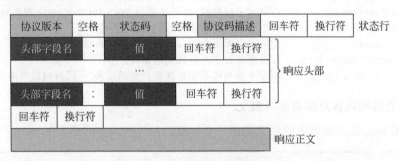

图 2-3　响应报文格式

```
HTTP/1.1 200 OK                          //状态行:协议版本号 + 状态码 + 状态消息
Date: Fri, 22 May 2009 06:07:21 GMT      //消息报头,用来说明客户端要使用一些附加信息
Content - Type: text/html; charset = UTF - 8

< html >                                 //响应正文,服务器返回给客户端的文本信息
    < head ></head >
    < body >
        <! -- body goes here -->
    </body >
</html >
```

第一部分：状态行,由 HTTP 协议版本号、状态码、状态消息三部分组成。

第一行为状态行,(HTTP/1.1)表明 HTTP 版本为 1.1 版本,状态码为 200,状态消息为 OK。

第二部分：消息报头,用来说明客户端要使用的一些附加信息。

第二行和第三行为消息报头,Date 生成响应的日期和时间;Content-Type 指定了 MIME 类型的 HTML(text/html),编码类型是 UTF-8。

第三部分：空行,消息报头后面的空行是必需的。

空行后面的 HTML 部分为响应正文。

第四部分：响应正文,服务器返回给客户端的文本信息。

2. HTTP 的状态码

1) 状态码类别

状态码有三位数字组成,第一个数字定义了响应的类别,共分以下五种类别。

1××：指示信息,表示请求已接收,继续处理。

2××：成功,表示请求已被成功接收、理解。

3××：重定向,要完成请求必须进行更进一步的操作。

4××：客户端错误,请求有语法错误或请求无法实现。

5××：服务器端错误,服务器未能实现合法的请求。

2）常见状态码

200 OK	//客户端请求成功
400 Bad Request	//客户端请求有语法错误,不能被服务器所理解
401 Unauthorized	//请求未经授权,此码必须和 WWW－Authenticate 报头域一起使用
403 Forbidden	//服务器收到请求,但是拒绝提供服务
404 Not Found	//请求资源不存在,eg:输入了错误的 URL
500 Internal Server Error	//服务器发生不可预期的错误
503 Server Unavailable	//服务器当前不能处理客户端的请求,一段时间后可能恢复正常

3. 服务器响应客户端请求的报文

服务器响应客户端请求的报文如图 2-4 所示。

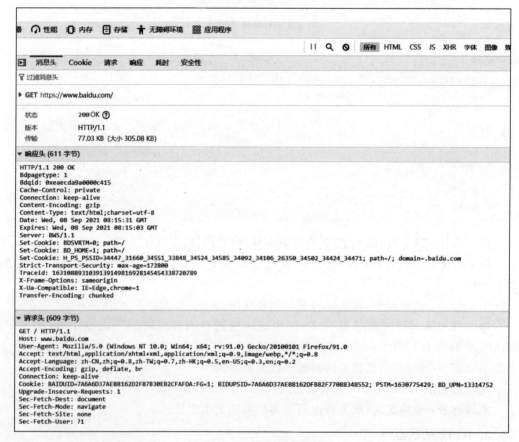

图 2-4　服务器响应报文

2.2　浏览器

浏览器可以被认为是使用最广泛的软件,我们上网的许多工作都需要它的协助,它是一扇窗户,打开它就可看到各种信息。对于 Web 前端开发者而言,我们不仅要学会使用它,更要了解它是如何工作的。

2.2.1 浏览器的工作原理

浏览器的主要功能是将用户选择的 Web 资源呈现出来,它需要从服务器请求资源,并将其显示在浏览器窗口中,资源的格式通常是 HTML,也包括 PDF、image 及其他格式。所请求资源的位置用 URI(Uniform Resource Identifier,统一资源标识符)来指定。

HTML 和 CSS 规范中规定了浏览器解释 HTML 文档的方式,由 W3C 组织对这些规范进行维护,W3C 是负责制订 Web 标准的组织。

1. 浏览器组件

从软件的构成角度谈,浏览器有 7 个组件组成:用户界面、浏览器引擎、渲染引擎、网络、UI 后端、JS 解释器、数据存储,它们之间的相互联系和作用如图 2-5 所示。

每个组件的具体功能如下。

(1)用户界面:包括地址栏、后退/前进按钮、书签目录等,即用户所看到的除了用来显示用户所请求页面的主窗口之外的其他部分。

(2)浏览器引擎:用来查询及操作渲染引擎的接口。

(3)渲染引擎:用来显示请求的内容,例如,如果请求内容为 HTML,它负责解析 HTML 及 CSS,并将解析后的结果显示出来。

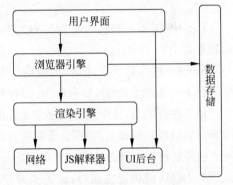

图 2-5 浏览器系统结构图

(4)网络:用来完成网络调用,例如 HTTP 请求,它具有平台无关的接口,可以在不同平台上工作。

(5)JS 解释器:用来解释执行 JS 代码。

(6)UI 后端:用来绘制类似组合选择框及对话框等基本组件,具有不特定于某个平台的通用接口,底层使用操作系统的用户接口。

(7)数据存储:属于持久层,浏览器需要在硬盘中保存类似 cookie 的各种数据,HTML5 定义了 Web Database 技术,这是一种轻量级完整的客户端存储技术。

2. 渲染引擎

渲染引擎也被称为浏览器的内核,它最终决定浏览器表现出来的页面效果。

默认情况下,渲染引擎可以显示 HTML、XML 文档及图片,它也可以借助插件(一种浏览器扩展)显示其他类型数据,例如使用 PDF 阅读器插件,可以显示 PDF 格式。渲染流程为以下四步:解析 HTML 以重建 DOM 树、构建渲染树、布局渲染树、绘制渲染树,如图 2-6 所示。

渲染引擎开始解析 HTML,并将标签转换为内容树中的 DOM 节点。接着,它解析外部 CSS 文件及 style 标签中的样式信息。这些样式信息以及 HTML 中的可见性指令将被用来构建另一棵树——Render 树。

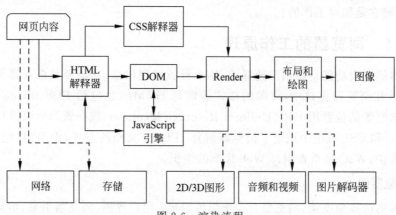

图 2-6　渲染流程

Render 树由一些包含有颜色和大小等属性的矩形组成,它们将被按照正确的顺序显示到屏幕上。

Render 树构建好了之后,将会执行布局过程,它将确定每个节点在屏幕上的确切坐标。再下一步就是绘制,即遍历 Render 树,并使用 UI 后端层绘制每个节点。

值得注意的是,这个过程是逐步完成的,为了更好的用户体验,渲染引擎将会尽可能早地将内容呈现到屏幕上,并不会等到所有的 HTML 都解析完成之后再去构建和布局 Render 树。它是解析完一部分内容就显示一部分内容,同时,可能还通过网络下载其余内容。

当 DOM 树构建完成时,浏览器开始构建另一棵树——渲染树。渲染树由元素显示序列中的可见元素组成,它是文档的可视化表示,构建这棵树是为了以正确的顺序绘制文档内容。

3. 浏览器的分类

按照浏览器的内核种类可将常见的浏览器分为以下四分类,如图 2-7 所示。

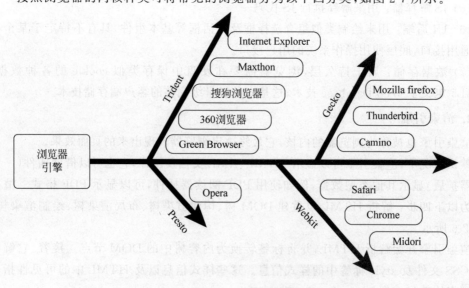

图 2-7　浏览器分类

1）Trident 内核

IE、TT、Maxthon、世界之窗、360、搜狗浏览器等，使用了 Trident 内核，这种内核起源于 IE 浏览器，后来被其他浏览器厂商拿去延用，因 2005 年与 W3C 组织所制订的标准发生了脱节，导致对网页新元素兼容不是太好，其自身内核也存在 bug。

2）Gecko 内核

Netscape 6 及以上版本、Firefox、MozillaSuite/SeaMonkey 等，是网景早期自主研发的浏览器内核，这个内核的优点就是功能强大、丰富，可以支持很多复杂网页效果和浏览器扩展接口，但是要消耗很多的资源，比如内存。

3）Presto 内核

Opera7 及以上，Presto 内核被称为公认的浏览网页速度最快的内核，优点是在处理 JS 脚本等脚本语言时，比其他的内核快 3 倍左右。缺点是为了达到很快的速度而丢掉了一部分网页兼容性。

4）Webkit 内核

Safari、Chrome 等，优点是网页浏览速度较快，虽然不及 Presto 内核但是也胜于 Gecko 内核和 Trident 内核。缺点是对于页面容错性较差，会使一些代码编写不标准的网页无法正确显示。

由于不同的内核，渲染过程与效果会有些不同。例如对下面一段代码，会有不同的显示效果。

```
<!DOCTYPE html PUBLIC " - //W3C//DTD XHTML 1.0 Transitional//EN"
"http://www.w3.org/TR/xhtml1/DTD/xhtml1 - transitional.dtd">
< html xmlns = "http://www.w3.org/1999/xhtml">
< html >
< head >
< meta charset = "gb2312">
< title >示例</title>
< style type = "text/css">
♯wz{ font - size:24px; color:♯F00;}
</style >
</head >
< body >
< p >< span id = "wz">今天</span>今天< span id = "wz">今天</span>今天< span id = "wz">今天
</span>今天< span id = "wz">今天</span>今天< span id = "wz">今天</span>今天
</p >
</body >
</html >
```

Gecko 内核下 Firefox 浏览器的显示效果如图 2-8 所示。

Trident 内核下 IE 浏览器的显示效果如图 2-9 所示。

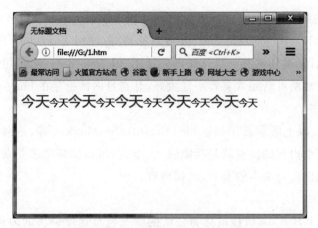

图 2-8　Firefox 浏览器显示结果

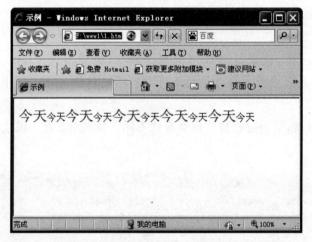

图 2-9　IE 浏览器的显示结果

2.2.2　浏览器中的插件

在浏览器中使用插件是常见的扩充浏览器功能的一种技术,使用它有助于编写具有良好的扩充和定制功能的应用程序以及网页浏览。常用的插件有以下几类。

1. ActiveX 插件

ActiveX 插件也叫 OLE 控件或 OCX 控件,它是一些软件组件或对象,可以将其插入到 Web 网页或其他应用程序中。ActiveX 插件的特点是:一般软件需要用户单独下载然后执行安装,而 ActiveX 插件是当用户浏览到特定的网页时,IE 浏览器即可自动下载并提示用户安装。

ActiveX 插件安装的前提是必须先下载,然后经过认证,最终用户确认同意才能安装,因此嵌有 ActiveX 脚本程序的页面可能会变得非常慢,甚至导致浏览器瞬间失去响应。

2. Browser Helper Object(BHO)

BHO 是一种随互联网浏览器(如 IE)每次启动而自动执行的小程序。通常情况下,一个 BHO 文件是由其他软件安装到用户的系统中的。例如，一些带有下载功能的广告软件，它可能会安装一个 BHO 文件从而追踪用户在上网冲浪遇到的众多网页广告。

通常的 BHO 会帮助用户更方便地浏览互联网或调用上网辅助功能，也有一部分 BHO 被称为广告软件（Adware）或间谍软件（Spyware），它们监视用户的上网行为并把记录的相关数据报告给 BHO 的创建者。BHO 也可能会与其他运行中的程序发生冲突，从而导致诸如各种页面错误、运行时间错误等现象，阻止了正常浏览的进行。

3. 搜索挂接

搜索挂接是指用户在地址栏中输入非标准的网址，如英文字符或者中文时，当地址栏无法对输入字符串解释成功时，浏览器会自动打开一个以用户输入的字符串为搜索词的结果页面，帮助用户找到需要的内容。搜索挂接对象就是完成搜索功能的插件。它通常由第三方公司或者个人开发，通过插件的方式安装到浏览器上，目的是帮助用户更好地使用互联网。例如用户在地址栏中输入"手机"，就可以直接看到手机搜索结果。也有一些企业或者个人为了达到提高网站访问或其他商业目的，在用户不知情的情况下修改 IE 浏览器的搜索挂接。

4. 工具条

工具条通常指加载在浏览器的辅助工具，它位于浏览器标准工具条的下方，在 IE 工具栏空白处右击，可以查看所有已经安装的工具条，通过勾选可以显示或者隐藏已安装的工具条，可以用浏览器或第三方软件对插件进行管理。如 IE 浏览器就可以通过工具中的管理加载项（图 2-10）和 Internet 选项中的安全（图 2-11）进行管理。

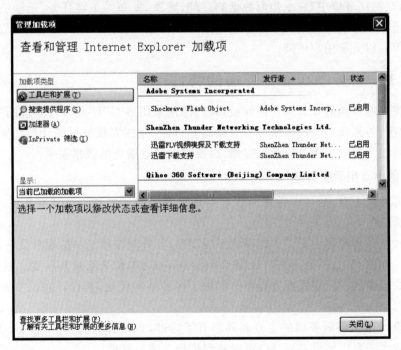

图 2-10 管理加载项

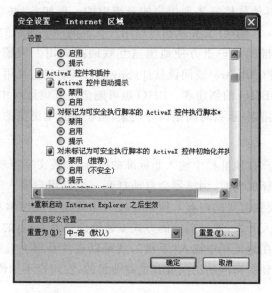

图 2-11　Internet 选项中的安全项设置

2.3　服务器系统

服务器(Server)指的是在网络环境中为客户端(Client)提供各种服务的专用的高性能计算机,在网络环境中,它承担着数据的存储、转发、发布等关键任务,是网络中不可或缺的重要组成部分。网站的内容需要存放在服务器上(包括所需的数据库服务器、FTP等服务器等),以方便用户访问。

2.3.1　服务器在硬件方面的特性

为了提高服务器的计算和存储性能,我们经常采用多 CPU 和多计算机的手段,在指令级、线程级、进程级、系统级,服务器级提高并行性,完成大数据量的计算。使用统一读写磁盘阵列技术完成多磁盘的数据存储,以便完成日益增长的数据需求。

1. 网站中常用的服务器

从外部特征上看,网站中常用的服务器是机架式服务器和刀片式服务器,如图 2-12和图 2-13 所示。

机架式服务器实际上是工业标准化下的产品,其外观按照统一标准来设计,配合机柜统一使用。在空间上,主要用 U(1U 等于 44.45mm)为单位来衡量其高度。图 2-12 就是一台机架式服务器。机架式服务器在内部做了多种结构优化,其设计宗旨主要是尽可能减少服务器空间的占用。

这种设计不但使服务器的生产和外形有了标准,也使其与其他 IT 设备(如交换机、路由器和磁盘阵列柜等设备)一样,可以放到机架上统一管理。

图2-12　机架式服务器

图2-13　刀片式服务器

现在很多互联网的网站服务器采用由专业机构统一托管的方式。网站的经营者只是维护网站页面,硬件和网络连接则交给托管机构负责,因此,托管机构会根据受管服务器的高度来收取费用,1U的服务器在托管时收取的费用比2U的服务器要便宜很多,因此,机架式服务器有很广泛的市场。

机架式服务器在扩展性和散热问题上存在一定的不足,因此,机架式服务器应用范围比较有限,只能专注于某一方面的应用,如远程存储和网服务的提供等。机架式服务器一般会比同等配置的塔式服务器贵20%~30%。

刀片式服务器是一种高可用、高密度、低成本的服务器,是专门为特殊应用行业和高密度计算机环境设计的,其每一块"刀片"实际上是一块系统主板,它们通过本地硬盘启动自己的操作系统,每一个"刀片"运行自己的系统,服务于指定的不同用户群,相互之间没有关联。但可以用系统软件将这些"刀片"集合成一个服务器集群。

在这种模式下,所有主板可以连接起来提供高速的网络环境,可以共享资源,为相同的用户群服务。在集群中插入新的"刀片",就可以提高整体性能,而且由于每块"刀片"都支持热插拔,因此系统可以轻松地进行替换,并且将维护时间减少到最小。刀片式服务器比较适合多操作系统用户的使用,用于大型的数据中心或者大规模计算的领域。

刀片式服务器空间更加节省,集成度更高,从技术发展来看是未来的大趋势,已经成为银行电信金融以及各种数据中心所青睐的产品。

【小贴士】

服务器的四性

1) 可靠性

作为一台服务器首先必须能够可靠地使用,即可靠性。服务器所面对的是整个网络的用户,只要网络中存在用户,服务器就不能中断工作,甚至有些服务,即使没有用户使用也要不间断地工作(专业术语称为7×24小时工作),因此服务器首先要具备极高的稳定性能。

2) 可扩展性

服务器需要具有一定的可扩展功能,即可扩展性。由于网络发展的速度非常快,为了不必频繁更换服务器,需要服务器有能力支持未来一段时间内的使用,也就是说,即使网络进行了升级或扩容,服务器也不需要变动或仅进行小规模的升级就可以继续为网络用户提供服务。为了实现这个目的,通常需要服务器具备一定的可扩展空间和冗余件(如磁盘矩阵位、PCI和内存条插槽位等)。

3) 可管理性

服务器必须具备一定的自动报警功能,并配有相应的冗余、备份、在线诊断和恢复系统功能,以便出现故障时能及时恢复服务器的运作,这种特性,被称为服务器的可管理性。

虽然服务器可以支持长时间的不间断工作,但再好的产品都有可能出现故障,如果出现故障后对服务器停机进行维修,那么这将可能造成整个网络的瘫痪,对企业造成巨大的损失。

为此服务器的生产厂商提出了许多解决方案,比如冗余技术、系统备份、在线诊断技术、故障预报警技术、内存查纠错技术、热插拔技术和远程诊断技术等,使绝大多数故障能够在不停机的情况得到及时修复和纠错。

4) 高利用性

服务器还要具备高利用性。由于服务器需要同时为很多用户(有可能是几十个用户,也有可能是几万个用户,甚至几十万、几百万的规模)提供一种或多种服务,如果没有高性能的连接和运算能力,这些服务将无法保障正常使用。因此服务器在性能和速度方面与普通计算机相比,有着本质的区别。

2. 多 CPU 技术

完成服务器计算功能的基础部件为 CPU,一般分为两种体系架构 CISC 和 RISC。

1) CISC

程序的各条指令是按顺序串行执行的,每条指令中的各个操作也是按顺序串行执行的。顺序执行的优点是控制简单,缺点是执行速度慢。由于这种指令系统的指令不等长,指令的条数比较多,编程和设计处理器比较麻烦。它就是英特尔生产的 X86 系列(也就是 IA-32 架构)CPU 及其兼容 CPU,如 AMD、VIA 生产的 CPU。即使是现在的 X86-64 也属于 CISC 的范畴。

2) RISC

RISC(Reduced Instruction Set Computing,精简指令集)是在 CISC 指令系统基础上发展起来的,对 CISC 机进行测试表明,各种指令的使用频度相当悬殊,最常使用的是一些比较简单的指令,它们仅占指令总数的 20%,但在程序中出现的频度却占 80%。复杂的指令系统必然增加微处理器的复杂性,使处理器的研制时间长、成本高,并且复杂指令需要复杂的操作,必然会降低计算机的速度。基于上述原因,产生了 RISC 型 CPU。RISC 型 CPU 不仅精简了指令系统,还采用了超标量和超流水线结构,大大增加了并行处理能力。

为了提高 CUP 的计算处理性能,常在服务器中使用多 CPU,进行协同处理以增强服务器性能。对称多处理器结构就是常使用的一种,它是指服务器中多个 CPU 对称工作,无主次或从属关系,共享全部资源,如总线、内存和 I/O 系统等,操作系统或管理数据库的副本只有一个。如图 2-14 所示,各 CPU 共享相同的物理内存,每个 CPU 访问内存中的任何地址所需时间是相同的,因此 SMP 也被称为一致存储器访问结构（Uniform

Memory Access,UMA）。对 SMP 服务器进行扩展的方式包括增加内存、使用更快的CPU、增加 CPU、扩充 I/O（槽口数与总线数）以及添加更多的外部设备（通常是磁盘存储）。

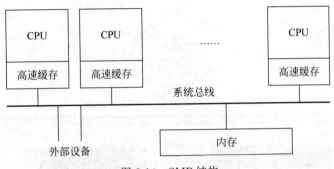

图 2-14   SMP 结构

操作系统管理着一个队列,每个处理器依次处理队列中的进程。如果两个处理器同时请求访问一个资源（例如同一段内存地址）,由硬件、软件的互斥机制去解决资源争用问题。

SMP 服务器的主要特征是共享,也正是由于这个特征,导致了 SMP 服务器的主要问题,那就是它的扩展能力非常有限。对于 SMP 服务器而言,每一个共享的环节都可能造成 SMP 服务器扩展时的瓶颈,而最受限制的是内存。由于每个 CPU 必须通过相同的内存总线访问相同的内存资源,因此随着 CPU 数量的增加,内存访问冲突将迅速增加,最终会造成 CPU 资源的浪费,使 CPU 性能的有效性大大降低。

SMP 典型代表：SGI POWER Challenge XL 系列并行机（36 个 MIPS R1000 微处理器）；COMPAQ Alphaserver 84005/440 （12 个 Alpha 21264 个微处理器）；HP9000/T600(12 个 HP PA9000 微处理器）；IBM RS6000/R40(8 个 RS6000 微处理器）。

3. 集群技术

另一种增加服务器计算性能的办法就是服务器集群技术,它把一组相互独立的计算机,利用高速通信网络组成一个单一的计算机系统,并以单一系统的模式加以管理,如图 2-15 所示。集群中所有计算机都拥有一个共同的名称,集群系统内任意一台服务器都可被所有网络用户使用。其出发点是提供高可靠性、可扩充性和抗灾难性。一个集群包含多台拥有共享数据存储空间的服务器,各服务器通过内部局域网相互通信。当一台服务器发生故障时,它所运行的应用程序将由其他服务器自动接管。采用集群系统通常是为了提高系统的稳定性和网络中心的数据处理能力及服务能力。

集群系统通常具有以下特点。

（1）系统由多个独立的服务器通过交换机连接在一起。每个节点拥有各自的内存,某个节点的 CPU 不能直接访问另外一个节点的内存。

（2）每个节点拥有独立的操作系统。

（3）需要一系列的集群软件来完成整个系统的管理与运行,包括集群系统管理软件,如 IBM 的 CSM、xCat 等；消息传递库,如 MPI、PVM 等；作业管理与调度系统,如 LSF、

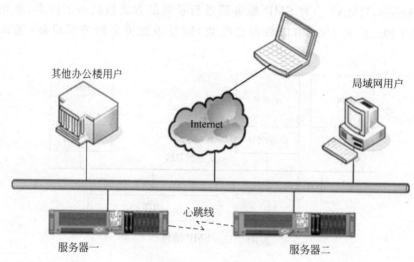

图 2-15　集群的结构

PBS、LoadLeveler 等；并行文件系统，如 PVFS、GPFS 等。

（4）只能在单个节点内部支持共享内存方式的并行模式，如 OpenMP、pthreads 等。

按照侧重的方向和解决的问题分为：高性能集群（HPC）、负载均衡集群（LBC）和高可用性集群（HAC）。

高性能集群用于运行为集群开发的并行编程的应用程序，它是并行计算的基础，尽管它不使用专门的超级计算机，但这种计算机集群内部也有十至上万个独立处理器。它使用通用商业系统，如通过高速通道来链接的一组单处理器或双处理器 PC，并且在公共消息传递层上进行通信以运行并行应用程序，来完成复杂的计算任务。因此，会常常听说又有一种便宜的超级计算机问世了，它实际是一个高性能计算机集群，其处理能力与超级计算机相当。

负载均衡集群为企业需求提供了更实用的系统。负载均衡集群使负载可以在计算机集群中尽可能平均地分摊处理。负载通常包括应用程序处理负载和网络流量负载。这样的系统非常适合向使用同一组应用程序的大量用户提供服务。每个节点都可以承担一定的处理负载，并且可以实现处理负载在节点之间的动态分配，以实现负载均衡。对于网络流量负载，当网络服务程序接收了高入网流量，以致无法迅速处理，这时，网络流量就会发送给在其他节点上运行的网络服务程序。同时，还可以根据每个节点上不同的可用资源或网络的特殊环境进行优化。与科学计算集群一样，负载均衡集群也在多节点之间分发计算处理负载。它们之间的最大区别在于缺少跨节点运行的单并行程序。

大多数情况下，负载均衡集群中的每个节点都是运行单独软件的独立系统。但是，不管是在节点之间进行直接通信，还是通过中央负载均衡服务器控制每个节点的负载，在节点之间都有一种公共关系。通常，使用特定的算法来分发该负载。

高可用性集群一般在这种情况下使用：当集群中的一个系统发生故障时，集群软件迅速做出反应，将该系统的任务分配到集群中其他正在工作的系统上执行。考虑到计算机硬件和软件的易错性，高可用性集群的主要目的是使集群的整体服务尽可能可用。如果高可用性集群中的主节点发生了故障,那么这段时间内将由次节点代替它。次节点通常是主节点的镜像。当它代替主节点时,它可以完全接管其身份,因此使系统环境对于用户是一致的。高可用性集群使服务器系统的运行速度和响应速度尽可能快。它们经常利用在多台机器上运行的冗余节点和服务,用来相互跟踪。如果某个节点失败,它的替补者将在几秒钟或更短时间内接管它的职责。因此,对于用户而言,集群永远不会停机。

4. 磁盘阵列技术

简单地说,RAID(独立冗余磁盘阵列)是一种把多块独立的硬盘(物理硬盘)按不同的方式组合起来形成一个硬盘组(逻辑硬盘),从而提供比单个硬盘更高的存储性能和数据备份技术。组成磁盘阵列的不同方式称为 RAID 级别(RAID Levels)。数据备份的功能是在用户数据一旦发生损坏后,利用备份信息可以使损坏数据得以恢复,从而保障了用户数据的安全性。在用户看来,组成的磁盘组就像是一个硬盘,用户可以对它进行分区和格式化等。

总之,对磁盘阵列的操作与单个硬盘一模一样。不同的是,磁盘阵列的存储速度比单个硬盘高很多,而且可以提供自动数据备份,如图 2-16 所示。

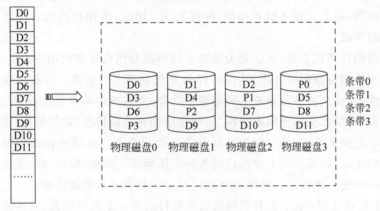

图 2-16 RAID 结构

RAID 技术的两大特点:一是速度快,二是安全,由于这两项优点,RAID 技术早期被应用于高级服务器中的 SCSI 接口的硬盘系统中,计算机技术的发展使 RAID 技术被应用于中低档甚至个人 PC 上成为可能。RAID 通常由在硬盘阵列塔中的 RAID 控制器或计算机中的 RAID 卡来实现。表 2-2 说明了不同级别的 RAID 在物理特征上的不同。

表 2-2 不同级别的 RAID 的特征

参数	RAID0	RAID1	RAID2	RAID3	RAID4	RAID5
名称	条带阵列	镜像阵列	带海明码校验磁盘阵列	专用校验条带阵列	专用校验条带阵列	分散校验条带阵列
允许故障	否	是	是	是	是	是
冗余类型	无	副本	校验	校验	校验	校验
热备用操作	不可	可以	可以	可以	可以	可以
磁盘数量	2+	2+(偶数)	3+	3+	3+	3+

续表

参数	RAID0	RAID1	RAID2	RAID3	RAID4	RAID5
可用容量	最大	最小	较小	中间	中间	中间
减少容量	无	50%	不定	1个磁盘	1个磁盘	1个磁盘
读性能	高(盘的数量决定)	中间	大数据量高,小数据量低	高	高	高
安全性	最差	最好	较好	好	好	好
典型应用	无故障的迅速读写	允许故障的小文件、随机数据写入	大容量数据存储	允许故障的大文件、连续数据传输	允许故障的大文件、连续数据传输	允许故障的小文件、连续数据传输

2.3.2　服务器的操作系统

1. 网络操作系统的基本概念

操作系统(Operating System,OS)是计算机软件系统中的重要组成部分,是计算机与用户之间的接口。单机的操作系统必须能实现以下两个基本功能:第一,合理组织计算机的工作流程,有效管理系统各类软、硬件资源;第二,为用户提供各种简便有效的访问本机资源的手段。

对于联网的计算机系统,不仅要为使用本地资源和网络资源的用户提供服务,还要为远程网络用户提供资源服务。因此,网络操作系统的基本任务是:屏蔽本地资源与网络资源的差异性,为用户提供各种基本网络服务功能,完成网络共享系统资源的管理。

一般来说,网络操作系统偏重于将"与网络活动相关的特性"加以优化,即经过网络来管理诸如共享数据文件、软件应用和外部设备之类的资源。单机操作系统则偏重于优化用户与系统的接口,以及在其上面运行的各种应用程序。因此,网络操作系统实质上是管理整个网络资源的一种程序。网络操作系统至少应具有以下管理功能。

(1) 网上资源管理功能。计算机网络的主要目的之一是共享资源,网络操作系统应实现网上资源的共享,管理用户应用程序对资源的访问,保证信息资源的安全性和一致性。

(2) 数据通信管理功能。计算机联网后,站点之间可以互相传送数据,进行通信,通过通信软件,按照通信协议的规定,完成网络上计算机之间的信息传送。

(3) 网络管理功能。包括故障管理、安全管理、性能管理、记账管理和配置管理。

【小贴士】

网络操作系统一般分为对等结构和非对等结构。

1) 对等结构网络操作系统

对等结构的网络操作系统具有以下特点:所有的联网计算机地位平等,每个计算机上安装的网络操作系统都相同,联网计算机上的资源可相互共享。各联网计算机均可以前、后台方式工作,前台为本地用户提供服务,后台为网络上的其他用户提供服务。对等结构的网络操作系统可以提供硬盘共享、打印机共享、CPU共享、屏幕共享以及电子邮件等服务。

对等结构网络操作系统的优点是：结构简单,网络中任意两个节点均可直接通信。缺点是：每台联网计算机既是服务器又是工作站,节点要承担较重的通信管理、网络资源管理和网络服务管理等工作。对于早期资源较少、处理能力有限的微型计算机来说,要同时承担多项管理任务,势必会降低网络的整体性能。因此,对等结构网络操作系统支持的网络系统一般规模较小。

2) 非对等结构网络操作系统

非对等结构网络操作系统的设计思想是将网络节点分为网络服务器和网络工作站(Workstation)两类。网络服务器采用高配置、高性能的计算机,以集中的方式管理网络中的共享资源,为网络工作站提供服务。而网络工作站一般为配置较低的 PC,用以为本地用户和网络用户提供资源服务。

非对等结构网络操作系统的软件也分为两部分：一部分运行在服务器上；另一部分运行在工作站上。安装运行在服务器上的软件是网络操作系统的核心部分,其性能直接决定网络服务功能的强弱。

2. Windows Server 功能介绍

Windows Server 是服务器上常配置的操作系统,它具备出色的网络服务支持能力,而且基于窗体界面的操作易于管理和使用,是当今主流的服务器操作系统之一。

1) Windows 系统结构分为内核模式和用户模式

Windows 将内核模式(Kernel Model)运行在 CPU 的第 0 层,将用户模式(User Model)运行在 CPU 的第 3 层。内核模式下运行的都是核心代码,这些代码是安全的,且不会受到恶意的攻击。而运行在用户模式下的应用程序是不安全且容易受到攻击的,所以应用程序权限是受到限制的。如果应用程序进行一些诸如直接访问物理内存的动作,需要向内核模式下组件提出请求。

Windows 操作系统每层有若干组件组成,其作为一个整体,它的运行高度依赖于上层组件对下层组件的调用。每层组件都有固定的接口供上层调用,高层如果要进行更改权限操作需要向底层提出请求,结构如图 2-17 所示。

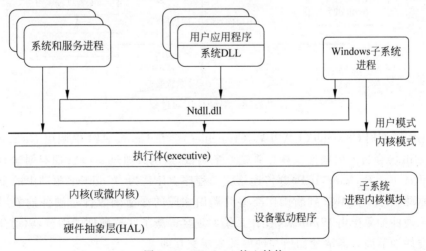

图 2-17　Windows 核心结构

（1）执行体包含了基本的操作系统服务，比如，内存管理、进程和线程管理、安全性、I/O、网络和跨进程通信。

（2）内核是由一组低层次的操作系统功能组成，比如线程调度、中断和异常分发以及多处理器的同步，它也提供了一组例程和基本对象，执行体的其余部分利用这些例程和对象实现更高层次的功能。

（3）设备驱动程序（Device Driver）既包括硬件设备驱动程序，也包括文件系统和网络驱动程序之类的非硬件设备驱动程序。启动硬件驱动程序将用户的 I/O 函数调用转换成特定的硬件 I/O 请求。

（4）硬件抽象层（Hardware Abstraction Layer，HAL）指一层特殊的代码，用来将内核、设备驱动程序和 Windows 执行体的其余部分与平台相关的硬件差异隔离开来，这样，当下面硬件更换时，不会影响上层的程序。

（5）子系统进程内核模块，这里的环境主要指的是操作系统展示给用户或程序员的个性化部分。窗口和图形系统（Windowing and Graphic System）实现了图形用户界面（GUI）功能，比如对窗口的处理、用户界面控件以及绘制等。

根据上面所述 Windows 操作系统的分层特性可知，应用程序对硬件操作的请求是从上而下一层层被交给硬件的。Windows 的设计者为简化对不同设备的操作，将所有的设备都当作普通文件看待，用操作文件的方法来操作设备。这一点与 Linux 有很大相似之处。常用操作有 Creatfile()、CloseHandle()、Readfile()、Writefile()、DeviceIoControl()等。以 Creatfile()为例描述硬件操作过程，如图 2-18 所示。

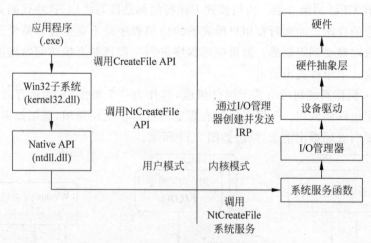

图 2-18　对硬件访问过程

应用程序调用 Createfile() API 后，Createfile()会在 Native API 中调用 NtCreatefile()。NtCreatefile()会进入内核模式调用系统服务函数，该函数通过 I/O 管理器创建 I/O 请求包（I/O Request Package，IRP）并传递给驱动程序。IRP 为 Windows 驱动中的重要数据结构。驱动程序根据 IRP 判断操作类型并调用相应的派遣函数针对硬件抽象层进行操作。由于硬件抽象层由 Windows 操作系统实现且屏蔽了底层硬件的细节，驱动开发者无须关心硬件细节而只需清楚如何与硬件抽象层交互即可。

2）Windows Server 网络服务功能

Windows Server 网络服务功能十分强大，主要体现在以下三个方面。

（1）通过活动目录对企业网进行管理。目录服务（AD）是 Windows Server 提供的服务之一。活动目录是 Windows Server 用于保存用户、组、安全设置等信息的目录服务数据库，完成对网络用户的管理。用户登录时，网络将登录信息交给目录服务检查、验证，合法的用户就可以访问网络授权的资源。目录服务的特点是：向用户提供单一的用户名和密码，已有用户名和密码的用户可以访问网络资源，网络管理员可以从网络上的任一台计算机上管理用户与资源等。

（2）为 Internet 网提供信息通信服务和模拟网络连接设备。Windows Server 为了支持 Internet 通信，提供了完善的服务工具。为支持动态 IP 地址分配提供了 DHCP 服务；为支持域名解析提供了 DNS 服务；为支持 Web、E-mail 提供了 IIS 服务；为支持网络连接还提供模拟路由器等连接设备服务。

（3）提供充分的网络管理与配置工具。Windows Server 为了强化安全与个性化管理提供了组策略工具用于计算机和用户的管理；为支持虚拟化提供了 Hyper-V 服务；同时还提供了十分强大的数据备份和网络安全管理工具。

3. Linux 操作系统介绍

（1）Linux 体系结构主要分为用户空间和内核空间。其中，用户空间主要包含了用户的应用程序、C 库等；内核空间主要包括系统调用、文件管理、内存管理、进程管理、网络服务等与平台架构相关的代码，如图 2-19 所示。

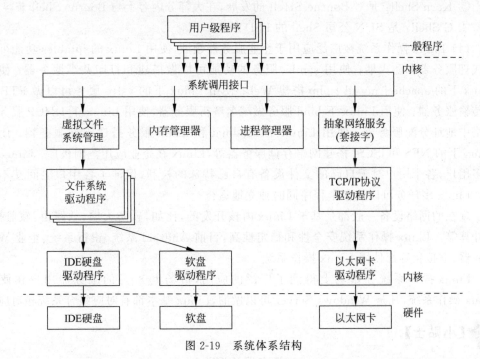

图 2-19 系统体系结构

(2) Linux 与用户的接口主要为系统调用和 Shell。系统调用接口(SCI 层)提供了某些机制执行从用户空间到内核的函数调用。这个接口依赖于体系结构,甚至在相同的处理器家族内也是如此。系统调用(SCI)实际上是系统调用多路分解表服务。在 ./linux/kernel 中用户可以找到 SCI 的实现,并在 ./linux/arch 中找到依赖于体系结构的部分。

要注意系统调用与库函数的区别。二者运行的环境和运行机制截然不同。库函数依赖于所运行的用户环境,程序调用库函数时,它运行的目标代码是属于程序的,程序处于"用户态"执行;而系统调用的使用不依赖于它运行的用户环境,是 Linux 内核提供的底层服务,系统调用时所执行的代码是属于内核的,程序处于"核心态"执行。库函数的调用最终要通过 Linux 系统调用来实现,库函数一般执行一条指令,该指令(操作系统陷阱)将进程执行方式变为核心态,然后使用内核为系统调用执行代码。

Shell 是系统的用户界面,提供了用户与内核进行交互操作的一种接口。它接收用户输入的命令并把命令送入内核执行,是一个命令解释器。例如,当我们输入"ls -l"时,它将此字符串解释为首先在默认路径找到该文件(/bin/ls),然后执行该文件,并附带参数"-l"。同时 Shell 还具有普通编程语言的很多特点,用这种编程语言编写的 Shell 程序与其他应用程序具有同样的效果。

(3) 目前主要有下列常用版本的 Shell。

① Bourne Shell:是贝尔实验室开发的。

② BASH:是 GNU 的 Bourne Again Shell,是 GNU 操作系统上默认的 Shell,大部分 Linux 的发行套件使用的都是这种 Shell。

③ Korn Shell:是对 Bourne SHell 的发展,在大部分内容上与 Bourne Shell 兼容。

④ C Shell:是 SUN 公司 Shell 的 BSD 版本。

(4) Linux 操作系统被广泛应用于企业服务器领域,使用 Linux 的 iptables 功能可以做代理服务器和防火墙;使用 samba 服务的功能可以做搭建和打印共享服务器;使用 Linux 下的 apache+mysql+php 搭建 Web;使用 Linux 下的 vsftp 服务可以做 FTP 文件传输服务器;使用 Linux 下 bind 服务做域名解析服务器,使用 Linux 下 DHCP 服务做网络中地址分配服务器;使用 Linux 下 sendmai 和 qmail 服务搭建邮件服务器;使用 Linux 下的 NFS 和 iSCSI 搭建网络存储服务器等,Linux 在企业应用范围极广。Linux 支持多用户,各个用户对于自己的文件设备有自己特殊的权利,保证了各用户之间互不影响。Linux 多任务可以使多个程序同时独立地运行。

现在的网络设备一般都是基于 Linux 内核开发的,比如,软防火墙、软路由、软监控、云计算等。Linux 操作系统安全性和稳定性高,目前 Android 系统、银行系统、企业 Web 服务器、虚拟化等都使用 Linux 操作系统。

Linux 操作系统在市场上得到了广泛的应用,市场上 80% 的服务器用户在使用 Linux 操作系统,凡是 Windows Server 可以做的,Linux 基本都有对应组合系统相对应。

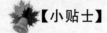【小贴士】

服务器的选购

如果用户的资金比较富裕,有空间放置服务器,并有良好的网络连接环境,那么购买一台服务器将是比较好的选择。但是由于服务器的种类繁多,价格差异较大,因此用户需要从自身角度出发,以应用为基点,通盘考虑业务、技术、投资成本、节能环保等各方面因素,确定最合适的选择。

服务器按运行的软件和承担的功能不同,可以分为数据库服务器、应用服务器、网管服务器、邮件服务器、文件服务器、DNS 服务器和计费认证服务器等,不同功能的服务器其硬件要求也不尽相同,比如数据库服务器就需要配置大容量、高速的存储系统。

用户可以根据应用软件用户数、数据量、处理能力的要求,将多个功能部署在同一台服务器上,或者将多个功能分别布置在多台服务器上,甚至可以将同一个功能的服务按照某种规则(比如负载均衡原则)分别部署在多台服务器上。对一个特定用户而言,不同应用系统的重要性不尽相同,系统越重要,对其硬件平台的稳定性、可用性要求就越高。

1. CPU 和内存的选择

CPU 作为计算机系统的核心,其主频、缓存、数量、技术先进性决定了服务器的运算能力,这些指标的提高会增强系统性能,但并非线性提升,具体要参考一些测试指标以及实际应用的情况。在 UNIX 服务器中,CPU 能否支持混插、热拔插将直接影响系统的可用性。扩大内存能够减少系统读取外部存储,提升系统处理性能。

实践中需要根据不同的应用系统选择 CPU 与内存的配比,对耗用内存比较大的应用软件和数据库,需要配置更大的内存。

2. 硬盘的选择

服务器内置硬盘用于安装和存放系统软件、应用程序以及部分数据,可以选择支持内置硬盘较多的服务器来存储数据或者作为文件服务器,不够存储的部分再通过购买磁盘阵列解决。硬盘的主要技术指标包括容量、转数及支持的技术。

为提高磁盘系统稳定和可靠性,厂商一般会通过 RAID 技术增加磁盘容错能力。服务器支持的硬盘主要有 SCSI、SAS、SATA 等,SATA 支持的硬盘容量大,但硬盘转速低,性能不及 SCSI 和 SAS 盘;SAS 和 SCSI 的稳定性和转速高,但容量相对小一些。

3. I/O 的选择

服务器一般都会集成一定的网络接口、管理口、串口、鼠标键盘接口等,能满足一些基本的应用。但实际应用中可能需要更多外设连接,用户可以通过扩展槽增加适配卡来实现,比如增加冗余网络接口卡、磁盘阵列卡、远程管理卡、显卡、串口卡等,这些适配卡的选择因网络连接方式、双机、存储系统连接方式、管理需要等需求不同而有所区别。

4. 电源和风扇的选择

对于一些扩容能力较高的服务器,增加一定数量的组件后系统功耗会增加,这样可以采用多个电源的方式解决供电不足的问题。另外,电源是有源电子部件,往往还内嵌有风扇这样的"易损件",它的故障概率很高,加之一些关键业务系统需要双路供电,所以常常采用冗余设计方式提高系统的可靠性和可用性。

5. 操作系统的选择

1) Windows 操作系统

各厂商 PC 服务器对于 Windows 系统都能很好支持。

2) Linux 操作系统

服务器厂商会对主流 Linux 品牌主要版本进行测试并公布支持性,未经测试的品牌及版本需要用户通过其他渠道确认(如 Linux 系统供应商的成功案例),一般主要涉及驱动程序和补丁包。

3) UNIX 操作系统

主流 UNIX 服务器都绑定自己的 UNIX 系统,厂商之间的软、硬件不能交叉安装,所以选择一个品牌的服务器,也就选定了操作系统,如基于 SUN SPARC CPU 的服务器安装 Solaris,基于 IBM UNIX 的服务器安装 AIX,基于 HP UNIX 的服务器安装 UX。

4) 服务器虚拟化软件

虚拟化使用软件的方法可以重新定义划分 IT 资源,能够实现 IT 资源的动态分配、灵活调度、跨域共享,提高 IT 资源利用率,使 IT 资源真正成为社会基础设施,服务于各行各业中灵活多变的应用需求,如 VMware ESX Server。

应用软件与服务器是否兼容也是选购时的关键问题。对于新增加的应用系统,需要评估应用软件与硬件平台及操作系统能否兼容;在对现有系统升级扩容时,如果打算更换服务器平台,就必须考虑应用软件的迁移成本。

在一种操作系统平台上开发运行的应用软件,更换一种新的操作系统平台,需要对现有代码进行重新编译、测试。如果应用软件与操作系统关联度比较大,可能面临修改软件甚至重新开发的情况,这对于一些大型软件,将是一项复杂的任务。

实训

HTTP 通信过程跟踪

【实训目的】

(1) 学会使用浏览器自带开发工具的使用。

(2) 掌握 HTTP 通信过程,观察请求报文和响应报文,并了解页面元素传输过程。

【知识点】

Chrome 浏览器的开发者工具的功能如图 2-20 所示。

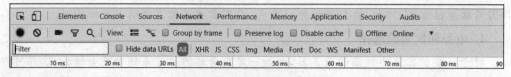

图 2-20　开发者工具选项卡

箭头图标:选择之后,可以在页面上点选你关注的页面元素,会自动跳转到元素对应的代码。

手机图标:选择之后,会以手机的 UA(User Agent)以及手机屏幕尺寸去模拟访问网页。

Elements：当前页面的元素情况（包含后期 js 操作后的元素），这和页面的源代码是有区别的，是用来查看和学习借鉴别人网页的好工具。

Console：主要是一些报错信息和程序员打印出来的信息，是 js 版的 system.out，比 Alert 实用。

Sources：显示了页面的所有文件是从哪些远端服务器传输的，可以方便预览图片和 js 等文件内容。

Network：网络传输情况，可以包括请求和响应的 Header 和时间等信息，可以用来大页面的性能调优以及模拟限速。

Performance：性能分布，是页面性能调优的工具。

Memory：当前页面的内存占用情况，可用于大页面的性能调优。

Application：主要包括本地存储、session 存储、cookie、页面框架结构等。

Security：当前页面的安全情况，如果是 HTTPS 链接，会显示证书等信息。

Audits：页面性能审计，会给一些提高网络性能和页面性能的建议。

【实训准备】

在实验计算机上安装 Chrome 浏览器。

【实训步骤】

(1) 打开浏览器开发工具。在浏览器右上角单击下拉菜单，找到"更多工具"，选择"开发者工具"，如图 2-21 所示。

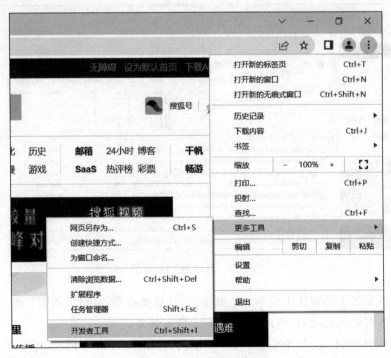

图 2-21　开发者工具位置

（2）选择 Network 选项卡，如图 2-22 所示。

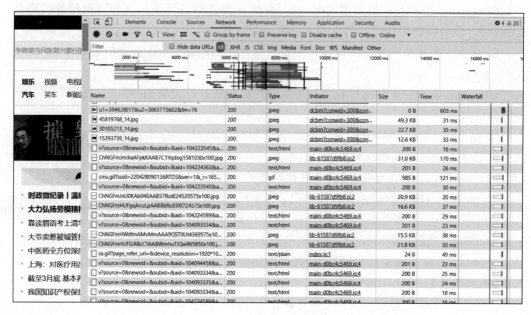

图 2-22　Network 选项卡

（3）在浏览器地址栏输入要访问的网站名，如图 2-23 所示。

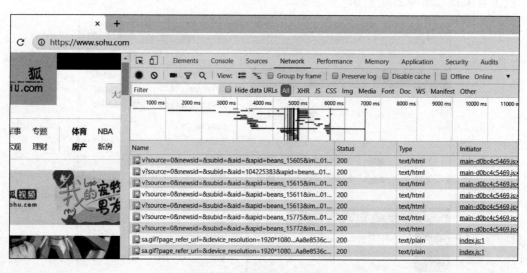

图 2-23　启动 HTTP 通信

（4）在开发者工具窗体中的 Name 框体内，选择要查看的项目，如图 2-24 所示。

（5）单击要访问的项目，将出现如图 2-25 所示的界面。

（6）将看到的 Headers、Preview、Response、Cookies、Timing 内容，写下来。

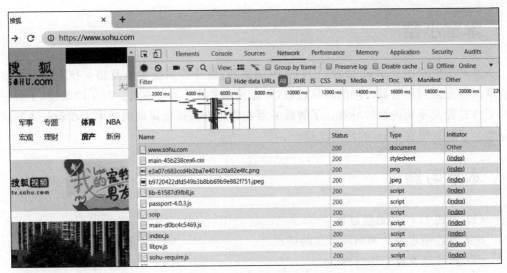

图 2-24　选定要观察的站点

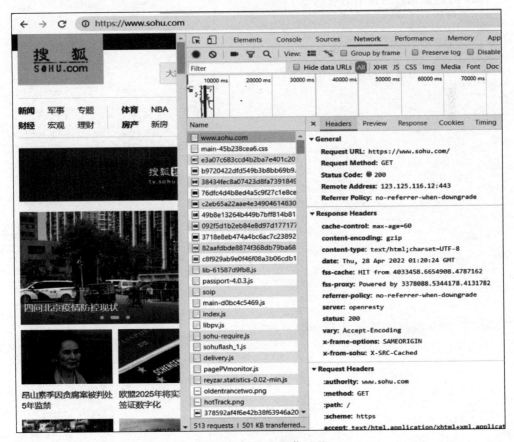

图 2-25　HTTP 通信过程

本章小结

本章主要介绍了 Web 涉及的 HTTP、浏览器、服务器系统构成及相关技术特征。要求掌握服务器与浏览器之间的通信过程，并能用相关软件进行查看。对于浏览器，了解它的工作过程及不同内核的特点。了解服务器在增强并行性所采取的技术手段和服务器的分类。了解数据在 Web 的传递过程。

本章习题

（1）简述 HTTP 通信过程。

（2）简述请求报文和响应报文的格式。

（3）简述浏览器工作过程。

（4）简述服务器在增强并行性采取的办法。

（5）简述磁盘阵列技术的特点。

第 3 章

Web技术实训

> ➤ 掌握 VMware Workstation 建立虚拟机的方法。
> ➤ 了解 Microsoft SQL Server 2012 安装过程与数据操作方法。
> ➤ 掌握 Windows Server 2012 安装与使用方法。

3.1 虚拟机实训

Hypervisor 也叫虚拟机监视器(Virtual Machine Monitor,VMM),是一种运行在物理服务器和操作系统之间的中间软件层,可允许多个操作系统和应用共享一套基础物理硬件,因此也可以看作是虚拟环境中的"元"操作系统,它可以协调访问服务器上的所有物理设备和虚拟机,如图 3-1 所示。

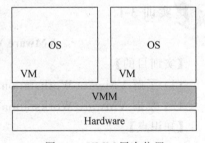

图 3-1 VMM 层次位置

Hypervisor 的基本功能是非中断地支持多工作负载迁移。当服务器启动并执行 Hypervisor 时,它会给每一台虚拟机分配适量的内存、CPU、网络和磁盘,并加载所有虚拟机的客户操作系统。虚拟化技术架构如图 3-2 所示。

常见的 Hypervisor 分为以下两类。

1. 裸金属型

裸金属型指 VMM 直接运作在裸机上,使用和管理底层的硬件资源,GuestOS 对真实硬件资源的访问都要通过 VMM 完成,作为底层硬件的直接操作者,VMM 拥有硬件的驱动程序。裸金属虚拟化中 Hypervisor 直接管理调用硬件资源,不需要底层操作系统,也可以理解为 Hypervisor 被做成了一个很薄的操作系统。这种方案的性能处于主机

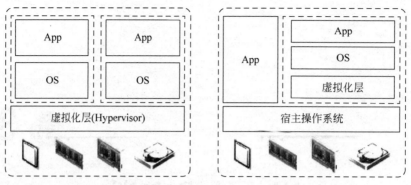

图 3-2　虚拟化技术架构

虚拟化与操作系统虚拟化之间。裸金属型代表是 VMware ESX Server、Citrix XenServer
和 Microsoft Hyper-V、Linux KVM。

2. 宿主型

宿主型指 VMM 之下还有一层宿主操作系统，由于 Guest OS 对硬件的访问必须经
过宿主操作系统，因而带来了额外的性能开销，但可充分利用宿主操作系统提供的设备驱
动和底层服务进行内存管理、进程调度和资源管理等。主机虚拟化中 VM 的应用程序调
用硬件资源时需要经过 VM 内核→Hypervisor→主机内核，导致性能是这种虚拟化技术
中最差的。主机虚拟化技术代表是 Vmware Workstation 和 Microsoft Virtual PC、
Virtual Server 等。

由于主机型 Hypervisor 的效率问题，多数厂商采用了裸机型 Hypervisor 中的
Linux KVM 虚拟化，即为 Type-I(裸金属型)。

 **实训 3-1**

VMware Workstation 的安装和使用

【实训目的】

(1) 了解 VMware Workstation 软件的用途。

(2) 掌握 VMware Workstation 软件的使用方法。

【知识点】

VMware Workstation 是 VMware 公司一款功能强大的桌面虚拟计算机软件，提供
用户可在单一桌面上同时运行不同操作系统的功能，它可在一部实体机器上模拟完整的
网络环境，是进行开发、测试、部署新的应用程序的最佳解决方案。

本书采用 VMware Workstation 软件搭建网站实训环境。

【实训准备】

硬件要求：VMware Workstation 本身对硬件的要求并不是太高，但由于安装
VMware Workstation 的最终目的是在本机上再创建并配置一个虚拟服务器，因此，实训
要用的计算机最好是四核以上的 CPU，内存 8GB 以上最佳。

软件要求：计算机装有 Windows 7 以上操作系统，如果使用的是 8GB 以上内存，最

好使用 64 位操作系统。

VMware Workstation 软件(版本 15.5)及其合法的使用许可序列号。

【实训步骤】

1. 安装 VMware Workstation 实训步骤

(1) 双击 VMware Workstation 15.5 的安装程序包,启动安装程序向导,如图 3-3 所示。

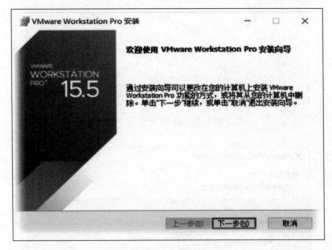

图 3-3 安装向导

(2) 单击"下一步"按钮,出现"最终用户许可协议",选择"我接受许可协议中的条款",如图 3-4 所示。

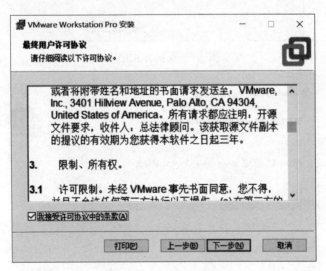

图 3-4 用户许可协议

(3) 单击"下一步"按钮,选择安装位置,如图 3-5 所示。

(4) 单击"下一步"按钮,选择快捷方式的位置,如图 3-6 所示。

(5) 单击"下一步"按钮,开始安装 VMware Workstatoin Pro 15.5,如图 3-7 所示。

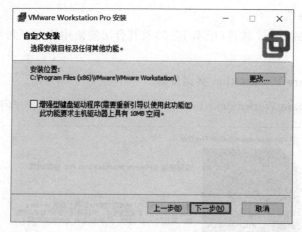

图 3-5　选择安装位置

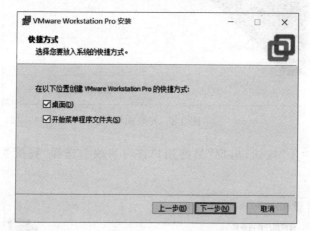

图 3-6　快捷方式位置

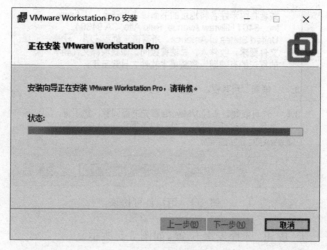

图 3-7　安装进度

（6）安装完成，单击"许可证"按钮，如图 3-8 所示。

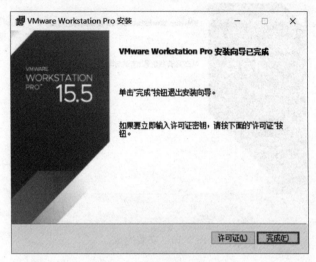

图 3-8　选择输入许可证

（7）用户输入 VMware Workstation 的许可证密钥，如图 3-9 所示，输入自己拥有的合法许可序列号。

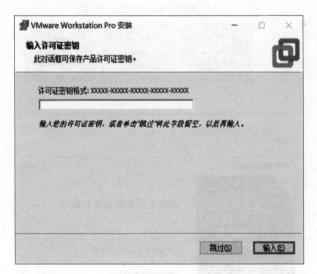

图 3-9　输入许可密钥

（8）单击"输入"按钮，得到如图所示 3-10 的窗口，单击"完成"按钮即完成安装。

2. 创建 VMware 虚拟机实训步骤

（1）双击桌面上 VMware Workstation 的图标，启动 VMware Workstation。启动后，界面如图 3-11 所示。

（2）单击"创建新的虚拟机"，启动"虚拟机安装向导"，如图 3-12 所示。一般用户选择"典型"这种方式就可以，然后单击"下一步"按钮。

图 3-10　安装完成

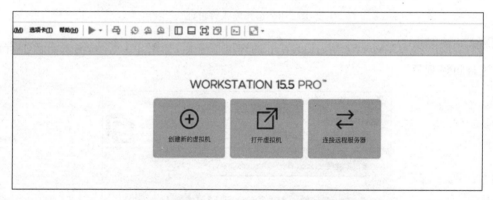

图 3-11　VMware Workstation 首次启动界面

图 3-12　新建虚拟机向导

（3）向导会询问操作系统安装来源的位置，如图 3-13 所示。有"安装程序光盘""安装程序光盘映像文件（iso）""稍后安装操作系统"三种方式。如果从光盘安装，需要在光驱中插入安装盘，如果从光盘映像文件安装，则需要通过浏览按钮选定光盘映像文件。这里选择"稍后安装操作系统"，然后单击"下一步"按钮。

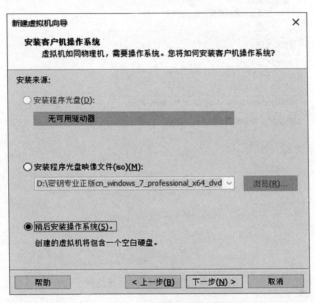

图 3-13　安装操作系统选择

（4）选择今后预装的操作系统版本，如图 3-14 所示，单击"下一步"按钮。

图 3-14　选择操作系统版本

（5）让用户设置虚拟机的显示名称和虚拟机文件保存位置，如图 3-15 所示。根据需要进行输入和选择，然后单击"下一步"按钮。

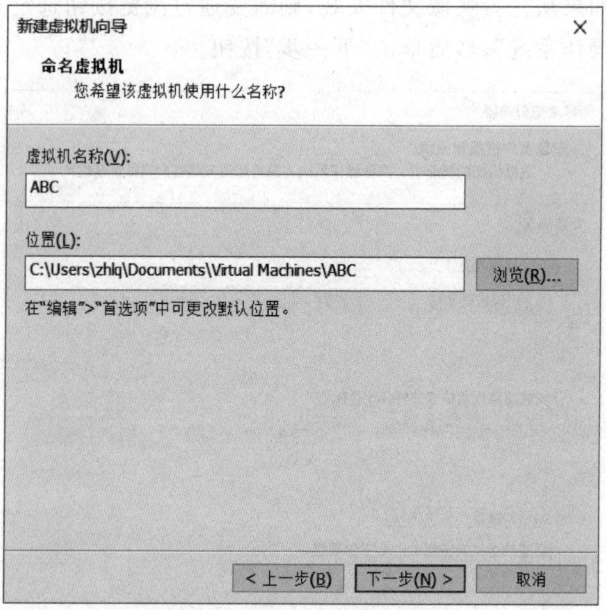

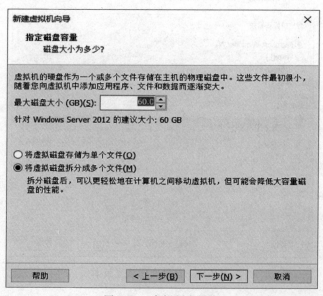

图 3-15　选择虚拟机常见位置

（6）接下来向导要求设定虚拟机硬盘容量和硬盘的设置，如图 3-16 所示。硬盘的设置包括以下内容：如图 3-16 所示，此处选择"将虚拟磁盘拆分成多个文件"方式（分配的磁盘空间大小为 60GB）。使用这种方式便于在不同的系统中复制移动虚拟磁盘文件，但对虚拟机的性能有不良影响，有可能会在虚拟机运行时造成假死等现象。选择完成后，单击"下一步"按钮。

图 3-16　虚拟硬盘设置

（7）单击"完成"按钮，完成虚拟机安装向导的操作，如图 3-17 所示。

图 3-17　虚拟机硬件配置

（8）在图 3-17 中单击"自定义硬件"按钮，可以进行虚拟机硬件配置更改。如图 3-18～图 3-21 所示。

如果要设置多 CPU，单击硬件中的"处理器"，在右侧的选项中选择"处理器数量""每个处理器内核的数量"，如图 3-18 所示。

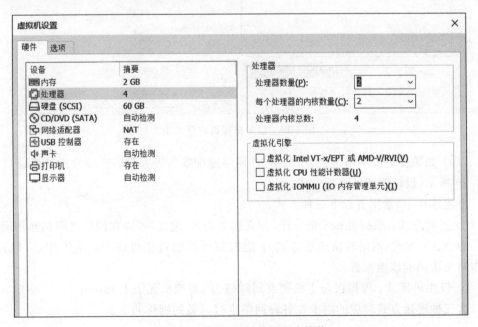

图 3-18　设置 CPU 数量和内核数

（9）如果要调整虚拟机的内存，单击"内存"，进入内存调整窗口，如图 3-19 所示。虚拟机内存最大不能超过主机的内存最大值。

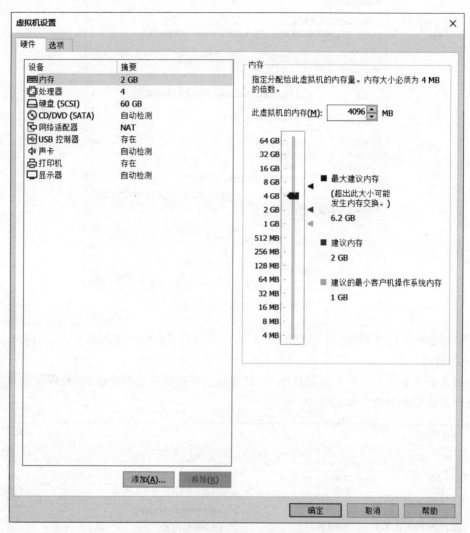

图 3-19　设定虚拟机内存大小

（10）如果要更改网络连接方式，单击"网络适配器"，进入网络连接方式设置窗口，如图 3-20 所示，设定网络的连接方式。

上述连接中，常用有以下三种方式。

① 桥接方式：虚拟机和主机一样，拥有独立的 IP 地址，可以在网络之间相互访问。

② NAT 方式（网络转换地址方式）：虚拟机可以通过主机访问其他工作站，但其他工作站无法访问该虚拟机。

③ 仅主机模式：虚拟机与主机拥有同样的 IP，虚拟机无法上 Internet。

这三种连接方式对应的网卡在各种网络连接设备的别称如下。

图 3-20 设定网络连接方式

① Adapter＝VMnet1＝eth0（仅主机模式）。虚拟机之间、主机与虚拟机之间互访，但虚拟机无法访问外网。

② Adapter2＝VMnet8＝eth8（nat）。虚拟机之间、主机与虚拟机之间互访，虚拟机可以通过主机访问外网，外网无法访问虚拟机。

③ Adapter3＝VMnet0＝eth2（桥接）。虚拟机相当于一台实体机，可以自由访问与被访问及上网。

（11）可以用两种方式设置虚拟 CD/DVD 功能。一种直接使用物理驱动器，另一种为使用 ISO 映像文件，如图 3-21 所示。

如图 3-21 所示，此时单击"确定"按钮，就可以安装 Windows Server 2012 R2 了。安装的具体过程在实训 3-2 中讲述。

图 3-21　光驱的设定

3.2　安装操作系统

计算机系统是硬件和软件的结合体，只有安装了操作系统的计算机硬件才能充分发挥计算机硬件的能力，下面我们介绍如何在虚拟机上安装操作系统。

 实训 3-2

Windows Server 2012 R2 的安装

【实训目的】

（1）了解 Windows Server 2012 R2 的安装。

（2）掌握 Windows Server 2012 R2 的简单配置。

【实训准备】

（1）Windows Server 2012 R2 的安装光盘或光盘映像文件。

（2）已经安装好的 VMware Workstation 软件。

（3）具有符合 Windows Server 2012 R2 运行的硬件环境。

（4）规划好每台学生机所运行的 Windows Server 2012 R2 的 IP 地址和服务器名称。

【实训步骤】

1. 安装 Windows Server 2012 R2 操作步骤

（1）继续实训 3-1 的内容，确认 Windows Server 2012 R2 虚拟机的安装映像文件是正确的，此时单击 Power on this virtual machine。虚拟机会自动启动安装程序。

（2）安装程序启动。要求用户选择要安装的语言类型，同时选择适合自己的时间和货币显示种类及键盘和输入方式，如图 3-22 所示。设置好后单击"下一步"按钮。

图 3-22 安装程序启动界面

（3）选择 Windows Server 2012 R2 版本。Windows Server 2012 R2 有 Standard（标准版）和 Datacenter（数据中心版）两个版本，每个版本又有"服务器核心安装"和"带有 GUI 的服务器"两种安装方式。如果选择服务器核心版，安装后则只具有命令行模式，没有图形化界面。

如果选择带 GUI 的安装方式，安装后具有图形化的操作界面。如图 3-23 所示，选择 Windows Server 2012 R2（带有 GUI 服务器的核心）的安装方式，单击"下一步"按钮。

（4）设置安装的硬盘分区。设置安装分区如图 3-24 所示。Windows Server 2012 R2 只能被安装在 NTFS 格式分区下，并且分区剩余空间必须大于 8GB。如果使用 SCSI、RAID 或者 SAS 硬盘，安装程序无法识别硬盘，那么就需要在这里提供驱动程序。

单击"加载驱动程序"图标，然后按照屏幕上的提示提供驱动程序，即可继续。可以从 U 盘或移动硬盘等设备中直接加载驱动程序。安装好驱动程序后，可单击"刷新"按钮让安装程序重新搜索硬盘。

如果硬盘没有任何分区以及数据，则需要在硬盘上创建分区。这时候可以单击"驱动器选项（高级）"按钮新建分区。

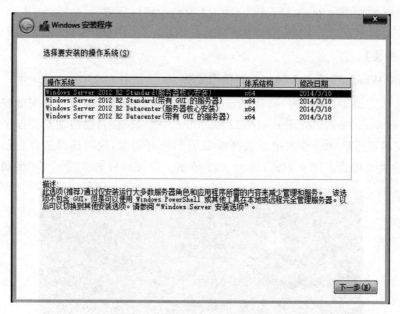

图 3-23　选择 Windows Server 版本

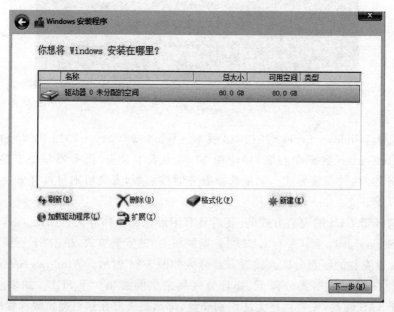

图 3-24　选择硬盘分区

　　同时,也可以在"驱动器选项(高级)"中方便地进行磁盘操作,如删除、新建分区、格式化分区、扩展分区等。

　　(5) 安装过程如图 3-25 所示,安装过程中计算机会自动重启几次。

　　(6) 安装重启后要求输入新的密码,如图 3-26 所示。

Windows Server 2012 R2 默认的密码规则是复杂密码,即要具有大写字母、小写字

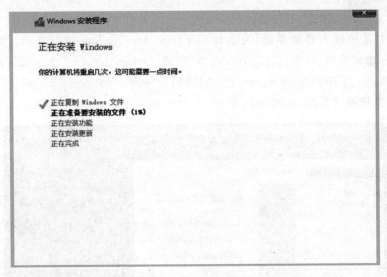

图 3-25　安装过程中

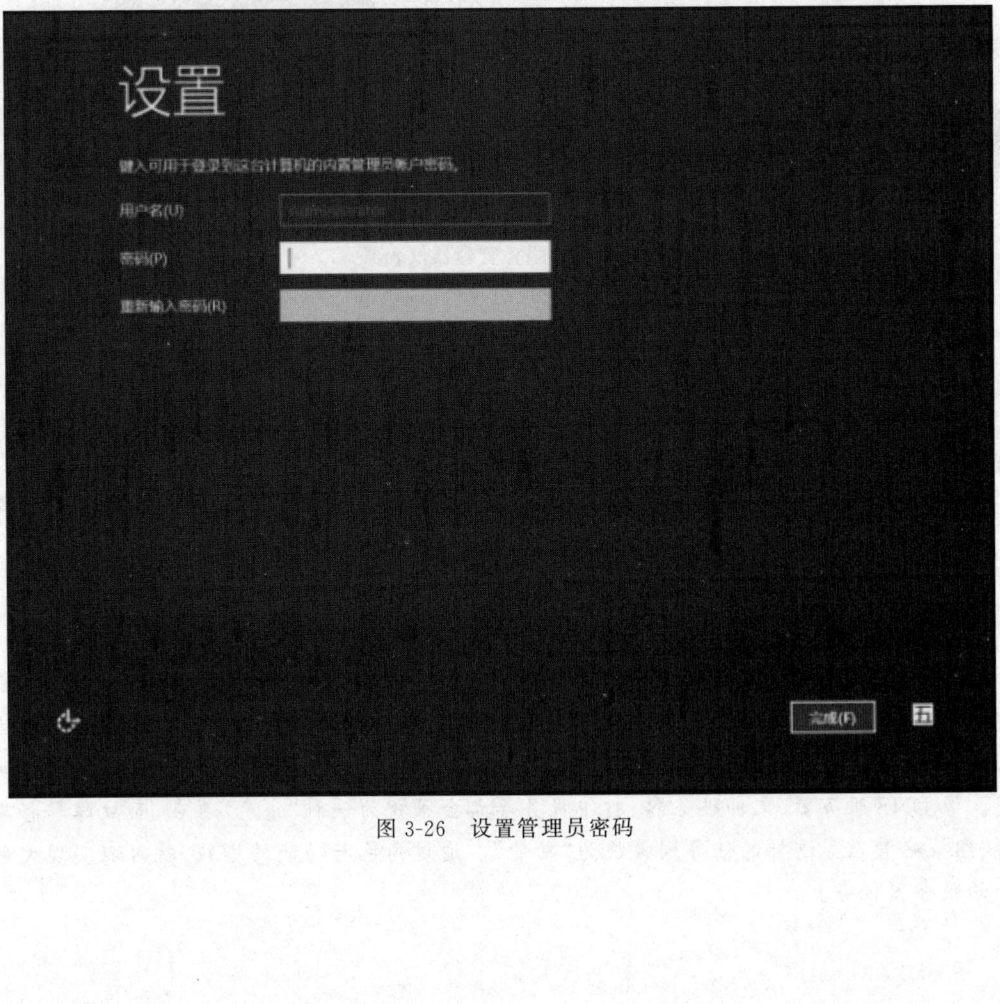

设置

键入可用于登录到这台计算机的内置管理员账户密码。

用户名(U)

密码(P)

重新输入密码(R)

完成(F)

图 3-26　设置管理员密码

母、数字、特殊字符中至少两种。所以设置时须注意,过于简单或单一的字符是不被接受的。设置完成后,单击"完成"按钮。

(7)此时系统进入登录界面,要求使用 Ctrl＋Alt＋Delete 进行登录。在 VMware Workstation 虚拟机中,可单击"虚拟机"选择"发送 Ctrl＋Alt＋Del"命令执行此操作。输入密码后,就进入了 Windows Server 2012 R2 启动界面。Windows Server 2012 R2 会自动启动服务管理器仪表器,如图 3-27 所示。

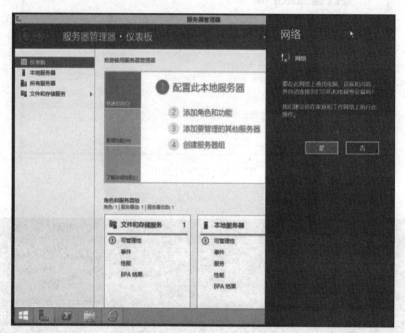

图 3-27　服务管理器仪表器

2. 配置 Windows Server 2012 R2 IP 地址

(1)单击"开始"→"此电脑"→"网络",选择网络属性,单击"以太网"。选择属性,弹出如图 3-28 所示的对话框。选择"Internet 协议版本 4(TCP/IPv4)",单击"属性"按钮,弹出如图 3-29 所示的对话框。

(2)根据实际网络情况,输入服务器的 IP 地址、子网掩码、网关、DNS 等信息,然后单击"确定"按钮。服务器 IP 地址即设置成功。

【小贴士】

在 Windows Server 2003 系统中,我们要增加或删除像 DNS 服务器这样的功能,需要用"添加/删除 Windows 组件"实现。而在 Windows Server 2012 R2 中,"添加/删除 Windows 组件"再也不见了,取而代之的是通过服务器管理器里面的"角色"和"功能"实现。像 DNS 服务器、文件服务器、打印服务等都会被视为一种"角色"存在,而故障转移集群、组策略管理等这样的任务则被视为"功能"。通过角色与功能的增减,就可以实现大部分的服务器任务。

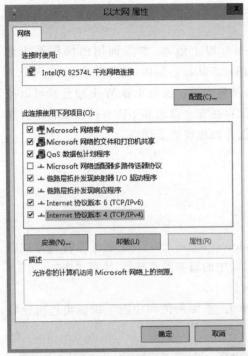

图 3-28 以太网属性   图 3-29 IP 设置

那么，在 Windows Server 2012 R2 里面，服务器的角色与功能到底有什么不同呢？服务器角色是指服务器的主要功能，管理员可以选择整个计算机专用于一个服务器角色，或在单台计算机上安装多个服务器角色，每个角色可以包括一个或多个角色服务，比如上面提到的 DNS 服务器就是一个角色；功能则提供对服务器的辅助或支持。通常，管理员添加功能不会作为服务器的主要功能，但可以增强安装的角色的功能。如故障转移集群，就是管理员可以在安装了特定的服务器角色后安装的功能（如文件服务），以将冗余添加到文件服务并缩短可能的灾难恢复时间。

3.3 Web 服务器

IIS 是 Internet Information Services 的简称，中文译为 Internet 信息服务。它是微软公司提供的运行在 Windows Server 系统的一个重要的服务器组件，主要向客户提供各种 Internet 服务。例如架设 Web 服务器、提供用户网页浏览服务、架设新闻组服务器、提供文件传输服务、邮件服务器等。

实训 3-3

IIS 的安装和配置

【实训目的】

（1）了解 IIS 作用。

(2)掌握 IIS 的安装、配置。

【知识点】

Windows Server 2012 自带的 IIS 版本是 8.0 以上版本,本实训用的操作系统是 Windows Server 2012 R2,其 IIS 版本是 8.5。IIS 8.5 从核心层讲,被分割成了 40 多个不同功能的模块,如验证、缓存、静态页面处理和目录列表等。这意味着 Web 服务器可以按照用户的运行需要来安装相应的功能模块。可能存在安全隐患和不需要的模块将不会加载到内存中去,程序的受攻击面减小了,同时性能方面也得到了增强。

【实训准备】

Windows Server 2012 R2 操作系统。

【实训步骤】

1. 安装 IIS 实训步骤

(1)启动服务器管理器。默认情况下,Windows Server 2012 R2 服务器管理器自启动,如果没有启动,可单击"开始"菜单右侧快速启动中的服务器管理器,也可单击"开始"→"服务器管理器",启动服务器管理器。

(2)在"服务器管理器"中,选择"仪表板",单击"添加角色和功能",添加角色向导启动,如图 3-30 所示,然后单击"下一步"按钮。

图 3-30 选择配置本地服务器内容并添加角色和功能向导

(3)选择"基于角色或基于功能的安装",如图 3-31 所示,单击"下一步"按钮。

(4)选择服务器为本机,如图 3-32 所示。单击"下一步"按钮。

(5)如图 3-33 所示,选择服务器角色。在服务器角色中勾选"Web 服务器(IIS)",单击"下一步"按钮,系统会给出确认提示。

(6)单击"添加功能",出现如图所示 3-34 所示的界面。勾选需要的功能:. Net Framework3.5 功能、FTP 服务器(此项也可先不添加,以后需要时再添加)、IIS 管理控制台、常见 HTTP 服务等内容,然后单击"下一步"按钮。

(7)单击"安装"按钮,如图 3-34 所示。系统会自动安装新添加的功能。安装完成后单击"关闭"按钮,完成安装。

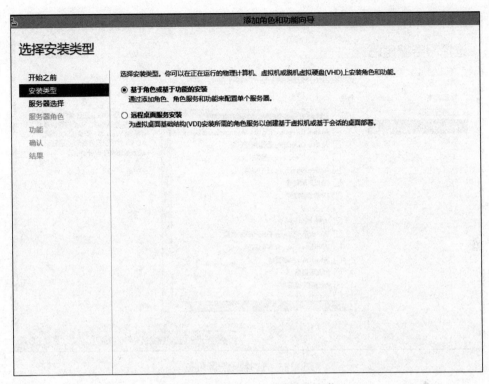

图 3-31　选择基于角色或功能安装

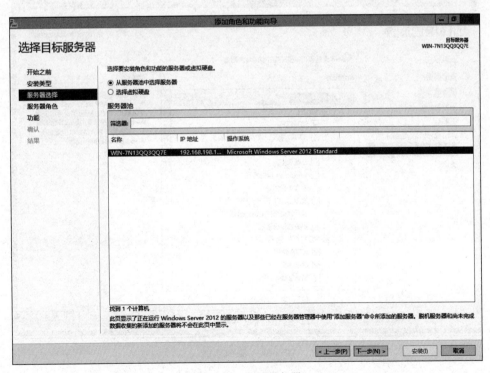

图 3-32　选择服务器

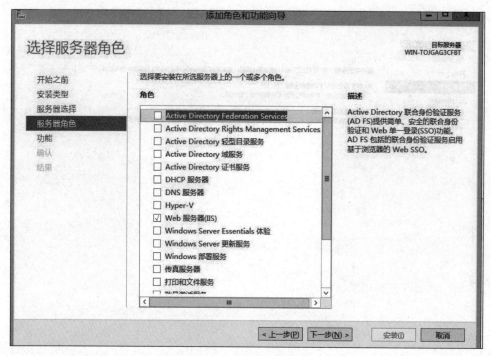

图 3-33　选择服务器角色

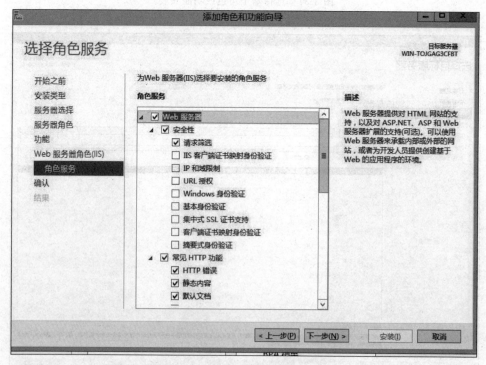

图 3-34　添加功能

2. 在 IIS 上配置 Web 服务器实训步骤

1）配置 IP 地址和端口

（1）单击"开始"→"服务器管理器"→"Internet Information Services(IIS)管理器"命令，打开 Internet 信息服务(IIS)管理器窗口，如图 3-35 所示。

图 3-35　IIS 启动界面

（2）在 IIS 管理器中选择默认站点，在右侧"操作"栏中单击"绑定"，出现如图 3-36 所示的"网站绑定"窗口。默认端口为 80，使用本地计算机中的所有 IP 地址。

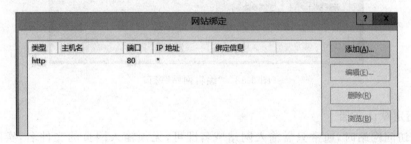

图 3-36　Internet 信息服务(IIS)管理器窗口

（3）选择该网站，单击"编辑"按钮，显示如图 3-37 所示的"网站绑定"窗口，在"IP 地址"下拉列表框中选择欲指定的 IP 地址即可。在"端口"文本框中可以更改 Web 站点的端口号，且不能为空。"主机名"文本框用于设置用户访问该 Web 网站时的域名，当前可保留为空。

（4）设置完成以后，单击"确定"按钮保存设置，并单击"关闭"按钮关闭即可。此时，在 IE 浏览器的地址栏中输入 Web 服务器的地址，就可以正常访问所设置的 Web 网站了。

图 3-37　网站绑定窗口

2）配置主目录

主目录即网站的根目录,用于存放 Web 网站的网页、图片等数据,默认路径为"C:\Intepub\wwwroot"。但是,数据文件和操作系统放在同一磁盘分区中,会存在安全隐患,并可能影响系统运行,因此应设置为其他磁盘或分区。

打开 IIS 管理器,选择欲设置主目录的站点,在右侧窗格的"操作"选项卡中单击"基本设置",显示如图 3-38 所示的"编辑网站"窗口,单击"物理路径"文本框右侧的按钮,选择网站根目录或直接在"物理路径"文本框中输入主目录路径,最后单击"确定"按钮即可。

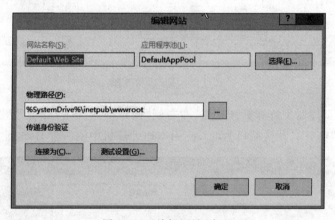

图 3-38　"编辑网站"窗口

3）指定默认文档

用户访问网站时,通常只需输入网站域名即可,无须输入网页的文件名,实际上此时显示的网页就是默认文档。一般情况下,Web 网站至少有一个默认文档,当用户使用 IP 地址或域名访问且没有输入网页名时,Web 服务器就会显示默认文档的内容。

（1）在 IIS 管理器的左侧树状列表中选择默认站点,在中间窗格显示的默认站点主页中,双击 IIS 选项区域的"默认文档"图标,显示所有的"默认文档"列表,如图 3-39 所示,当用户访问时,IIS 会自动按顺序由上至下依次查找与之对应的文件名。

（2）单击 IIS 管理器右侧"操作"任务栏中的"添加"链接,显示如图 3-40 所示的"添加默认文档"窗口,在"名称"文本框中可输入要添加的默认文档名称。

图 3-39 默认文档启动顺序

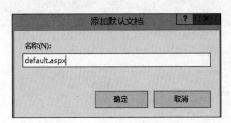

图 3-40 "添加默认文档"窗口

（3）单击"确定"按钮，即可添加该默认文档。新添加的默认文档自动排列在最下方，可通过单击右侧"操作"栏中的"上移"和"下移"超级链接调整各个默认文档的顺序。

3. 禁用匿名访问实训步骤

默认状态下，允许所有的用户匿名连接 IIS 网站，即访问时不需要使用用户名和密码登录。不过，如果对网站的安全性要求高或网站中有机密信息的，就需要对用户加以限制，禁止匿名访问，而只允许特殊的用户账户才能进行访问。

（1）在 IIS 管理器中，选择要设置身份验证的 Web 站点，如图 3-41 所示。

（2）在站点主页窗口中，双击"身份验证"，显示"身份验证"窗口。默认情况下，"匿名身份验证"为"启用"状态，如图 3-42 所示。

（3）右击"匿名身份验证"，单击快捷菜单中的"禁用"命令，即可禁用匿名用户访问，如图 3-43 所示。

图 3-41　默认站点属性

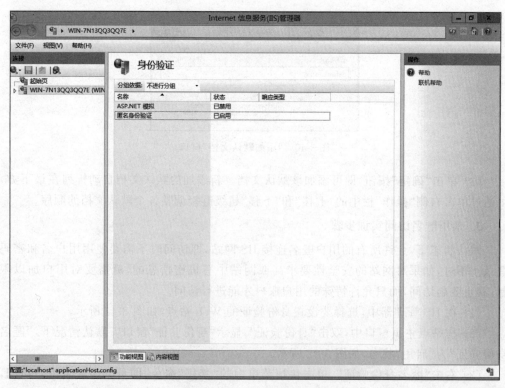

图 3-42　身份验证窗口

图 3-43　更改身份验证

3.4　Microsoft SQL Server 安装与使用

SQL Server 是 Microsoft 公司推出的关系型数据库管理系统，具有使用方便、可伸缩性好、与相关软件集成程度高等优点，可跨越从运行 Microsoft Windows 98 的笔记本电脑到运行 Microsoft Windows 2012 的大型多处理器的服务器等多种平台使用。

Microsoft SQL Server 是一个全面的数据库平台，使用集成的商业智能（BI）工具提供了企业级的数据管理。Microsoft SQL Server 数据库引擎为关系型数据和结构化数据提供了更安全可靠的存储功能，使用户可以构建和管理用于业务的高可用和高性能的数据应用程序。

实训 3-4

SQL Server 2012 的安装

【实训目的】

(1) 了解 SQL Server。

(2) 掌握 SQL Server 安装。

【实训准备】

(1) 已经安装好的 Windows Server 操作系统。

(2) SQL Server 2012 的安装文件。

【实训步骤】

(1) 获取 SQL Server 2012 的安装程序。可以通过购买的方式得到 SQL Server 2012 的安装程序和授权。在微软的网站上也可以下载 SQL Server 2012 的试用版。得到安装程序后双击安装目录中的 SETUP，运行安装向导，开始安装过程，如图 3-44 所示。

(2) 当系统打开"SQL Server 安装中心"时，说明可以开始正常安装 SQL Server 2012 了。可以通过"计划""安装""维护""工具""资源""高级""选项"进行系统安装、信息查看以及系统设置，如图 3-45 所示。

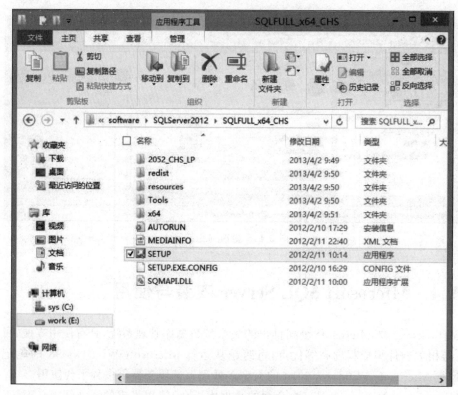

图 3-44　安装程序

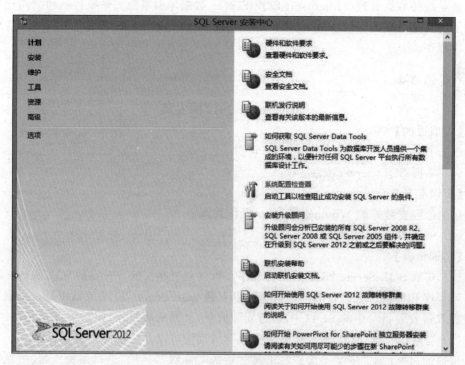

图 3-45　安装向导开始

（3）选中图 3-46 右侧的第一项"全新 SQL Server 独立安装或向现有安装添加功能"。

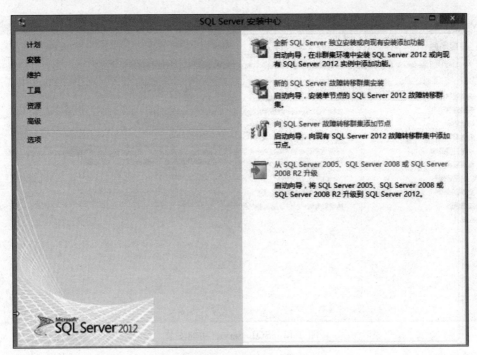

图 3-46　选择安装计划

（4）启动向导，进行安装程序支持规则检测，如图 3-47 所示。

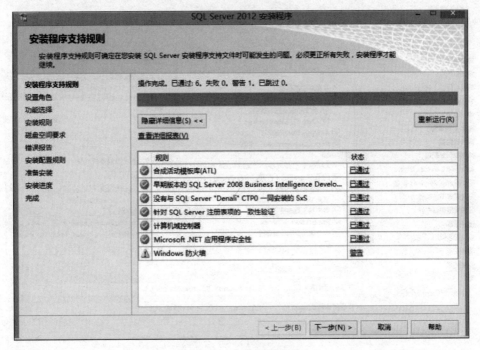

图 3-47　安装规则检测

（5）设置角色。首次安装的应选择"SQL Server 功能安装"，如图 3-48 所示。

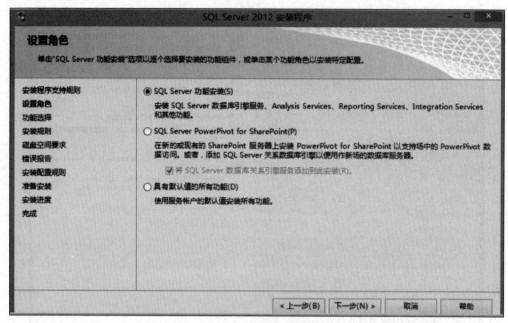

图 3-48　SQL Server 功能安装

（6）选择"功能"，可在此勾选添加需要的功能，如图 3-49 所示。

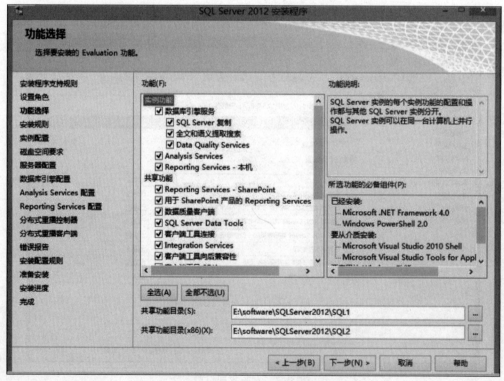

图 3-49　添加需要的功能

（7）设置实例，可选择默认实例或自定义实例名称，还可以设置实例安装的位置，如图 3-50 所示。

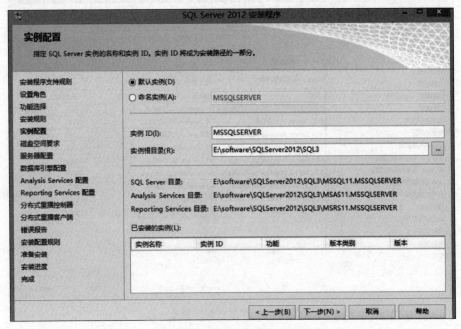

图 3-50 设置实例名称和位置

（8）接下来系统会显示程序安装所占用的磁盘空间，如没有问题，可单击"下一步"按钮，如图 3-51 所示。

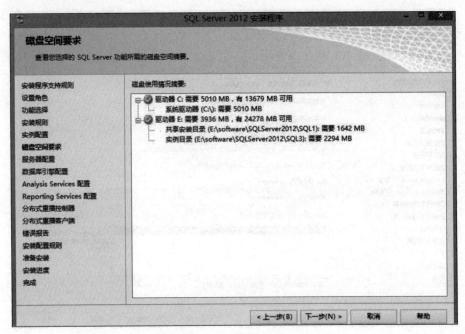

图 3-51 显示占用空间

（9）服务器配置。用户可在此对 SQL Server 设置需要的服务，如图 3-52 所示。

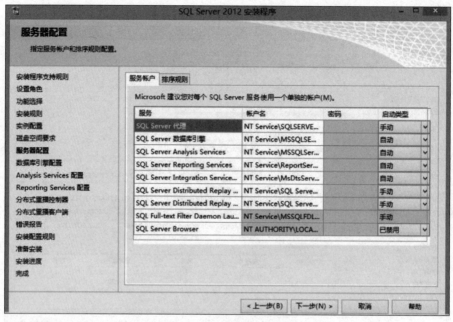

图 3-52 配置数据库服务

（10）数据库引擎配置。在此可设置身份验证模式，对于要通过应用程序访问 SQL Server 数据库的，需要设为混合模式，为数据库管理员 sa 设定密码，并添加指定 Windows 身份的数据库管理员，如图 3-53 所示。

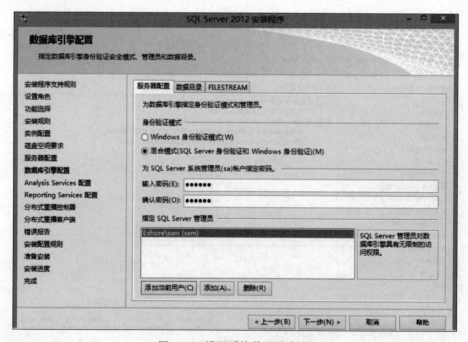

图 3-53 设置系统管理员密码

（11）显示上述所有步骤的操作选择情况，如图 3-54 所示。如没有其他问题，可以单击"安装"按钮开始安装，如图 3-55 所示。

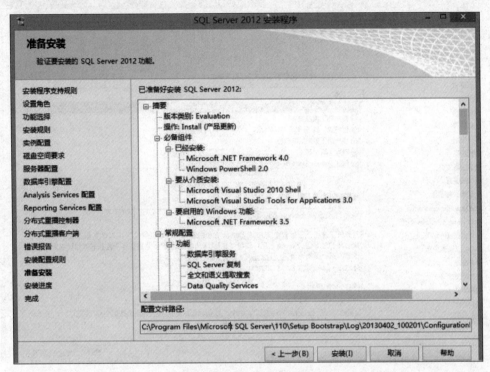

图 3-54　选择需要的项目

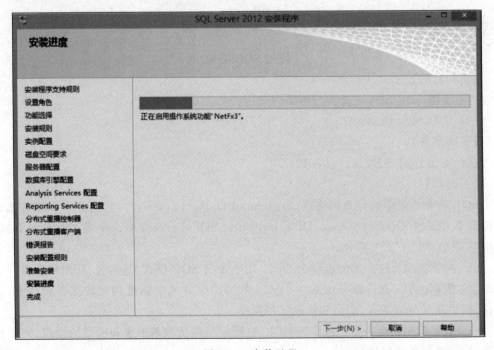

图 3-55　安装过程

（12）安装过程要视计算机的性能而定，安装完毕后如图 3-56 所示。

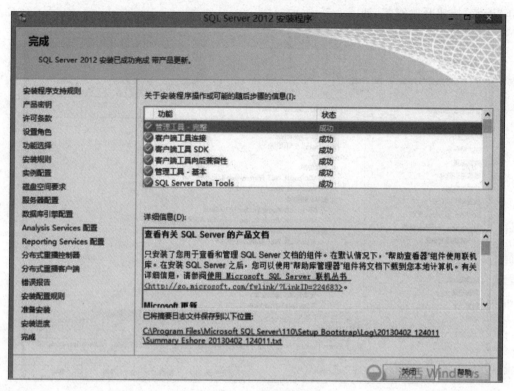

图 3-56　安装完成

 实训 3-5

使用 SQL 语句

【实训目的】

（1）掌握 SQL Server 查询分析器的使用。

（2）掌握 SQL 语句。

【实训准备】

已经安装好的 SQL Server 2012。

【知识点】

SQL 的全称是结构化查询语言（Structured Query Language），它是绝大多数关系型数据库系统（如 Oracle、Sybase、DB2、Informix、SQL Server、Access 等）的查询语言。SQL 主要分成以下三个部分。

（1）数据定义：这一部分也称为 DDL，用于定义 SQL 模式、基本表、视图和索引。

（2）数据操纵：这一部分也称为 DML，数据操纵分成数据查询和数据更新两类，其中，数据更新又分成插入、删除和修改三种操作。

（3）数据控制：这一部分也称为 DCL，数据控制包括对基本表和视图的授权、完整性规则的描述、事务控制语句等。

【实训步骤】

(1) 单击"开始"→SQL Server 2012→SQL Server Management Studio,使用 Windows 身份验证方式或 SQL Server 身份验证方式连接到 SQL Server 数据库引擎。

(2) 进入查询分析器。单击"新建查询",启动查询分析器,如图 3-57 所示。后面所讲述的 SQL 语句都需要写在查询分析器的窗口中(图 3-57 所示的框线位置)。

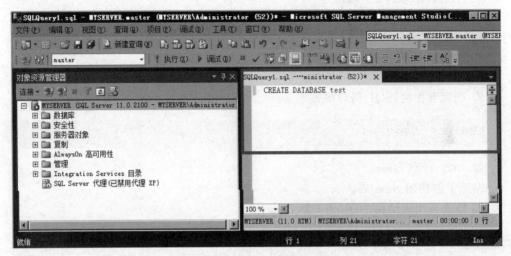

图 3-57　SQL Server 查询分析器

(3) 使用 SQL 数据定义语句。

① 创建数据库,SQL 语句格式如下:

CREATE DATABASE <数据库名称>

如: CREATE DATABASE test

创建一个名为 test 的数据库

② 删除数据库,SQL 语句格式如下:

DROP DATABASE <数据库名称>

如: DROP DATABASE test

删除名为 test 的数据库。

③ 创建数据表,SQL 语句格式如下:

CREATE TABLE <表名>(<字段名称 1><数据类型> [NOT NULL] [PRIMARY KEY],<字段名称 2><数据类型> [not null],…)

如下面的代码创建了两个表: class 和 student 表。

```
CREATE TABLE [dbo].[class](
    [classid] [int] IDENTITY(1,1) NOT NULL PRIMARY KEY,
```

```
    [classname] [nvarchar](15) NULL)
CREATE TABLE [dbo].[student](
    [sno] [nvarchar](8) NOT NULL PRIMARY KEY,
    [name] [nvarchar](10) NULL,
    [sex] [nvarchar](1) NULL,
    [birthdate] [smalldatetime] NULL,
    [classid] [int] NOT NULL)
```

这两个表的结构:

```
student(sno,name,sex,birthdate,classid)
class(classid,classname)
```

④ 删除数据表,SQL 语句格式如下:

DROP TABLE <表名>

如: DROP TABLE class
删除了创建的 class 表。
⑤ 修改数据表结构,SQL 语句格式如下:

ALTER TABLE <表名> ADD <字段名称> <数据类型>

如: ALTER TABLE student ADD prof nvarchar(50)
这行代码为 student 数据表添加了一个新的字段 prof。
(4) 使用 SQL 数据操纵语言。
① 向数据表插入新记录,SQL 使用 INSERT 语句,其语句语法如下:

INSERT INTO 表名(字段列表) VALUES (值列表)

如下面的语句,将向 student 表插入一条记录:

```
INSERT INTO student(sno,name,sex,birthdate,classid,prof)
    VALUES('20150101','吴填天','女','1995/02/02',5,'企业管理')
```

② 删除数据表中的某条记录,SQL 使用 DELETE 语句,其语句语法如下:

DELETE FROM <表名> WHERE <条件>

如下面的语句将删除 sno 为 2015010 的学生记录。

```
DELETE FROM student WHEREsno = '20150101'
```

③ 修改数据表中的某条记录,SQL 使用 UPDATE 语句,其语句语法如下:

UPDATE <表名> SET 字段名 1 = 值 1,字段名 2 = 值 2,... WHERE <条件>

如下面的代码将学号为 20150102 的学生班级调整到编号为 8 的班级:

```
UPDATE student SET classid = 8 WHERE sno = '20150102'
```

④ 查询记录，SQL 使用 SELECT 语句。其基本的语句语法如下：

```
SELECT [ALL|DISTINCT] [TOP N]  * |<字段列表> FROM <表名 1>[,<表名 2>]
  [WHERE 条件表达式] [GROUP BY <字段名>[HAVING <条件表达式>]]
  [ORDER BY <字段名>[ASC|DESC]]
```

说明：

其中 ALL 表示所有的记录，默认即为 ALL；DISTINCT 表示重复的记录只选取第一条；TOP N 表示从记录中选择前 N 条；* 表示选择表中所有的字段；<字段列表>表示查询指定的字段，字段之间要用半角逗号分开。

FROM 子句用于指定一个或多个表，如果所选的字段来自不同的表，则字段名前应加表名前缀。

WHERE 子句用于限制记录的选择。

GROUP BY 和 HAVING 子句用于分组和分组过滤处理。它能把在指定字段列表中有相同值的记录合并成一条记录。如果在 SELECT 子句中含有 SQL 合计函数，如 SUM 或 COUNT，那么就为每条记录创建摘要值。HAVING 子句用于对 GROUP BY 分组的记录进行条件的筛选。

ORDER BY 子句决定查找出来的记录的排列序列。ASC 代表升序，DESC 代表降序。如：

```
SELECT sno,name,sex,classid FROM student WHERE prof = '电子商务'
```

将显示专业为"电子商务"的学生 sno、name、sex、classid 信息。

(5) SQL 的数据控制语句。SQL 的数据控制功能是指控制用户对数据的存取权力。
① 授权语句，SQL 使用 GRANT。如：

```
GRANT ALL ON student TO suser
```

表示把对表 student 的所有操作权限授权给用户 suser。
② 收回权限，SQL 使用 REVOKE。如：

```
REVOKE INSERT, UPDATE, DETETE ON student FROM suser
```

表示把用户 suser 对表 student 的插入、更新和删除权收回。

本章小结

本章主要介绍了网站建设所涉及的虚拟机、操作系统、Web 服务器和数据库相关的知识，主要通过实训操作介绍了 VMware Workstation 的基本操作、Windows Server 2012 R2 的安装和配置、IIS 的安装和配置以及 SQL Server 2012 的安装、SQL 语句的使用。因有些内容已在其他课程中进行过学习，这里要求掌握 VMware Workstation 的建立虚拟机的方法、掌握 Windows Server 2012 安装与使用方法。

本章习题

(1) 练习安装 Windows Server 2012 操作系统。

(2) 安装配置 IIS。

(3) 安装和配置 Apache 服务器。

(4) 安装 SQL Server 2012。

(5) 使用 CREATE DATABASE、INSERT、DELETE、UPDATE 和 SELECT 语句操作数据库。

第 **4** 章

网 站 策 划

学 习 目 标

➤ 了解网站分类及各类网站的特点。

➤ 掌握网站内容筹划、颜色的使用技术。

➤ 了解企业网站服务器筹建方式。

网站是指在因特网上根据一定的规则,使用 HTML 等工具制作的用于展示特定内容的相关网页的集合。人们可以通过网页浏览器来访问网站,获取自己需要的资讯或者享受网络服务。本章网站策划主要介绍网站内容与展示的规划、网站域名的确定与申报、服务器的管理方式等。

4.1 常见网站的分类

在学习网站建设之前,有必要对网站的类型及其特点进行学习,以便了解网站内容与表现形式之间的关系,为我们设计网站打下基础。

【小贴士】

Alexa 是一家专门发布网站世界排名的网站,起始于 1996 年,可以说是目前世界上拥有 URL 最多的网站,其排名也是十分具有权威性的。

1. Alexa 排名的分类

Alexa 上面的世界网站排名主要分两大类:综合排名和分类排名。

综合排名也称为绝对性排名,一般是每三个月公布一次网站的绝对排名,主要考察的依据是:UR(用户链接数)和 PR(用户浏览数),根据这两项指标三个月累积的几何平均值进行排名。

Alexa 分类排名分两个标准:一个是按照主题行业分类,另一个是按照语言分类,给出特定站点在所有此类网站中的名次。

2. 如何查询 Alexa 排名

首先你在 Alexa 的网站中提交了自己的网站,或者你的网站已被 Alexa 收录,然后在站长工具中就可以查询到你的网站的综合信息,里面有一项就是网站的世界排名。

3. Alexa 工具条介绍

Alexa 工具条是他们推出的一款 IE 浏览器插件,通过该插件也可以查询到你的网站的世界排名,安装工具条的方法对你的网站排名从几百万向几十万提高时有效,再往前就很难了。

4.1.1 资讯门户类网站

资讯门户类网站以提供信息资讯为主要目的,它是目前较普遍的网站形式之一。这类网站虽然涵盖的工作类型多,信息量大,访问群体广,但所包含的功能却比较简单。其基本功能通常包含检索、论坛、留言,也有一些提供简单的浏览权限控制,例如许多企业网站中就有只对代理商开放的栏目或频道。

这类网站开发的技术含量主要涉及以下三个因素。

(1)承载的信息类型。例如是否承载多媒体信息,是否承载结构化信息等。

(2)信息发布的方式和流程。

(3)信息量的数量大。

目前企业的综合门户网站大多属于这类网站。如搜狐(图 4-1)、新浪、网易、腾讯等。

图 4-1 搜狐网首页

4.1.2 企业品牌类网站

企业品牌网站要求展示企业综合实力,体现企业 CIS(Corporate Identity System,企业形象设计)和品牌理念。企业品牌网站非常强调创意,对于美工设计要求较高,精美的 Flash 动画是常用的表现形式。对网站内容组织策划、产品展示体验方面也有较高要求。

这类网站多利用多媒体交互技术和动态网页技术,针对目标客户进行内容建设,以达到品牌营销传播的目的。

企业品牌网站可细分为以下三类。

1. 企业形象网站

塑造企业形象,传播企业文化,推广企业业务,报道企业活动,展示企业实力,如图 4-2 所示的多享网站。

图 4-2 多享网首页

2. 品牌形象网站

当企业拥有众多品牌,且不同品牌之间市场定位和营销策略各不相同,企业可根据不同品牌建立其品牌网站,以针对不同的消费群体,如图 4-3 所示的宝马汽车网站。

图 4-3　宝马汽车网站

3. 产品形象网站

　　针对某一产品的网站,重点在于产品的体验,例如,汽车厂商每上市一款新车就建立一个新车形象网站;手机厂商推出新款手机形象网站;房地产发展商的新楼盘形象网站,如图 4-4 所示为联想公司网站首页。

图 4-4　联想公司网站首页

4.1.3 交易类网站

这类网站以订单为中心,以实现交易为目的。交易的对象可以是企业(B2B),也可以是消费者(B2C)。

这类网站有三项基本内容:商品如何展示、订单如何生成、订单如何执行。因此,该类网站一般需要有产品管理、订购管理、订单管理、产品推荐、支付管理、收费管理、发货管理、会员管理等基本系统功能,较复杂的还有积分管理系统、VIP 管理系统、CRM 系统、MIS 系统、ERP 系统、商品销售分析系统等。

交易类网站成功与否的关键在于业务模型的优劣。企业为配合自己的营销计划搭建的电子商务平台也属于这类网站。

交易类网站可细分为以下三类。

1. B TO C 网站

B TO C(Business To Consumer,商家—消费者)网站主要是购物网站,等同于传统的百货商店、购物广场等,如京东(首页如图 4-5 所示)、亚马逊、当当等网站。

图 4-5　京东首页

2. B TO B 网站

B TO B(Business To Business,商家—商家)网站主要是商务网站,等同于传统的原材料市场(电子元件市场、建材市场等),如 1688 阿里巴巴(首页如图 4-6 所示)、慧聪网等。

3. C TO C 网站

C TO C(Consumer To Consumer,消费者—消费者)网站主要是拍卖网站,等同于传统的旧货市场、跳蚤市场、废品收购站、一元拍卖、销售废/旧用品，如淘宝（首页见图 4-7）、易趣、转转等网站。

图 4-6　1688 阿里巴巴首页

图 4-7　淘宝网首页

4.1.4　社区网站

社区网站就是网络上的小社会，如猫扑、天涯等。有些大的门户网站中的论坛也可以称为社区，如图 4-8 所示的是知乎网站的页面。

图 4-8　知乎网站的页面

4.1.5　办公及政府机构网站

1. 企业办公事务类网站

这类网站主要包括企业办公事务管理系统、人力资源管理系统、办公成本管理系统和网站管理系统等。图 4-9 展示的是某学校的教务管理系统。

图 4-9　某学校的教务管理系统

2. 政府办公类网站

这类网站利用外部政务网与内部局域办公网络运行。具有以下功能：提供多数据源接口,实现业务系统的数据整合；统一用户管理,提供方便有效的访问权限和管理权限体系；可以灵活设立下属单位子网站；实现复杂的信息发布管理流程。

该类网站面向社会公众,既可提供办事指南、政策法规、动态信息等,也可提供网上行政业务申报/办理、相关数据查询等,如首都之窗(首页如图 4-10 所示)、北京税务局网站等。

图 4-10　首都之窗首页

4.1.6　互动游戏网站

这是近年来国内逐渐风靡起来的一种网站。这类网站的投入是根据所承载游戏的复杂程度来定,其发展趋势是向超巨型方向发展,有的已经形成了独立的网络世界,如百度游戏(首页如图 4-11 所示)、游迅网等游戏网站。

4.1.7　功能性网站

这类网站的主要特征是将一个具有广泛需求的功能扩展开来,开发一套强大的支撑体系,将该功能的实现推向极致。看似简单的页面实现却往往投入惊人,效益可观,如百度(首页如图 4-12 所示)、360 搜索等网站。

4.2　网站内容策划

网站建设始于网站策划,网站策划的好坏直接影响到网站建设的效果,因此,网站策划对于网站的运作至关重要,良好的网站策划是网站建设成功的一半。一个好的网站策

图 4-11 百度游戏首页

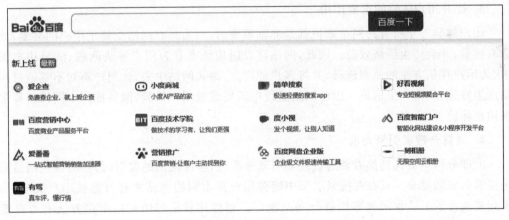

图 4-12 百度首页

划基于对客户需求的调查结果和竞争分析的研究,以客户认定的网站建设目标为向导,从网站信息架构设计、网站内容建设到网站创意设计、网站功能开发等进行全面的策划,同时兼顾企业的整体营销和特殊营销需要,考虑线上和线下的整合要求。

网站策划是一项比较专业的工作,包括了解客户需求、网站功能设计、网站结构规划、页面设计、内容编辑、撰写"网站功能需求分析报告"、提供网站系统硬件/软件配置方案、整理相关技术资料和文字资料等,网站策划是指在网站建设前对市场进行分析、确定网站的目的和功能,并根据需要对网站建设中的技术、内容、费用、测试、维护等做出规划。网站策划对网站建设起到计划和指导的作用,对网站的内容和维护起到定位作用。

4.2.1 了解客户需求

网站要想建设得好,就需要在建站前跟客户进行充分的沟通和交流,使网站既能够符合设计需要,又能够满足客户的需求。要从下面几个方面了解客户需求。

1. 明确建网站的目的

首先要明确建设网站目的,也就是网站建设的原因。网站建设前需要对客户的需求进行分析,了解为什么要建网站,要建什么样的网站,所建网站优势是什么等问题。

网站策划可以根据客户的需求来确定要建设什么样的网站。网站建设计划方案中应该对客户的需求、产品、销售渠道和销售对象等进行分析。这样才能有理有据建设不同类型的符合客户需求的网站,还需要在网站建设中突出优势。

2. 确定目标用户

在建设网站前必须要弄清楚所针对的目标用户群,目标用户的需求、搜索/浏览习惯、喜欢特征等内容都是网站建设时风格设计、功能设计、网站布局等的数据依据,是企业网站今后运营和发展的基础和方向。同时还需要对客户的目标市场进行分析定位,也就是了解行业现状及预测未来的发展方向,并以此来设置网站的定位方向和推广主方向。行业市场分析是一个非常庞大的数据分析工作,可以参考一些数据中心的数据。

3. 提升用户体验的重要作用

用户体验对于所有的网站来说都是非常重要的,因为只有网站受到了用户的喜爱,才会有流量,才会产生经济效益。因此,网站建设时应该本着为用户解决问题、满足用户需求、为用户提供方便的原则进行,并将客户的理念、融入网站中去,让用户不知不觉地对网站产生好感,从而产生信赖。因此网站建设中需要重视用户体验,网站推广中同样需要重视用户体验。

4. 要符合搜索引擎要求

大部分网站被找到都需要通过搜索引擎来实现,所以在网站策划时,还应该让网站满足搜索引擎的要求。只有在搜索引擎中能被用户搜索到的网站才有可能被用户发现,如果想要被搜索引擎收录就需要进行网站推广。目前比较流行的网站推广方法有百度竞价、SEO 优化等,而这些方法都是基于网站建设是否合理来进行的。

了解了客户需求后,就可以对网站进行具体的策划了。

4.2.2 确定网站功能和内容

1. 网站主题

网站主题也就是网站的题材,是网站设计首先遇到的问题。明确的主题、丰富的内容是网站生存之本。应按照建站的目的来规划网站主题,再根据主题来设置内容。网站主题要考虑以下要求。

(1) 主题要明确而精要。

(2) 主题不要太滥或者目标太高。

(3) 网站名称要能体现网站主题。

（4）网站名称要易记。网站名称最好用中文，不要使用英文或者中英文混合型名称。网站名称要有简称，而简称字数应该控制在六个字（最好四个字）以内，四个字的名称也可以用成语，这样更适合其他站点为自己的网站设立友情链接。

（5）名称要有特色。网站名称要有特色，能够体现一定的内涵，给浏览者更多的视觉冲击和空间想象力。

2. 网站内容

一个标准的网站应该包括以下十项内容。

（1）站点结构地图（Site Map）。站点结构地图是一种有关站点结构、组织方式的示意图。站点的主要栏目或者关键内容列在其下的副标题中。当访问者单击标题、题目或副标题时，相关的网页就会出现在屏幕中。站点结构图还可以被看作是站点的分级结构图，以这种方式组织起来的信息可以使访问者迅速找到信息所在的位置。

（2）导航栏（Navigation Bar）。每个网站都应该包括一组导航工具，它出现在此网站的每一个页面中，称为导航栏。导航栏中的链接文字应该与站点结构图中的页面相关联。

（3）联系方式页面（Contact Page）。此页面中创建可发送 E-Mail 的链接，使 E-Mail 的地址可以自动地出现在"收信人"栏中。这样，访问者在录入相关内容后单击"发送"按钮即可完成发送邮件。此页面还应该包括其他联系方式，如通信地址及联系人、传真、电话号码等。

（4）反馈表单（Feedback Forms）。利用反馈表单，用户可以随时提出信息需求，而不必记下电话号码。反馈表单还应为那些没有 E-Mail 的用户提供方便。从反馈表单中你可以发现网站中哪些信息是重要的，哪些是无关紧要的。

（5）评论页面（Comment Page）。用户可以通过评论页面发表评论，提出问题。

（6）引人入胜的内容（Compelling Content）。在每页中都要包含相关的、引人入胜的内容，特别是当销售产品时，每个商品都要有详细的说明文字和整体或细节的图片。文字应通俗易懂，这样才能吸引用户。

（7）常见问题解答（FAQ）。创建 FAQ 可以避免重复回答相同的问题以节省管理者和访问者的时间和精力。图 4-13 所示是京东商城网站的常见问题列表，可以看出，

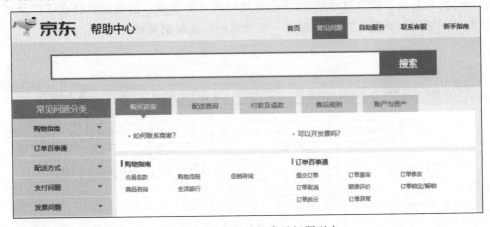

图 4-13　京东网站的常见问题列表

当使用者出现网站使用上的问题时,就可以通过网站提供的常见问题解答得到相应的答案。

(8) 搜索页面(Search Page)。网站应提供搜索页面,这样用户可以通过在搜索页面中输入关键词,然后单击"查询"按钮的方式,快速找到相应的信息或商品。

(9) 新闻页面(News Page)。一般用来发布网站的公告通知消息,特别是电子商务网站可以在新闻页面中提前发布促销活动通知。

(10) 友情链接(Friendly Links)。即在网站的页面中提供相关的网站链接。提供友情链接的方式可以多种多样。

4.2.3 确定网站的功能和栏目

网站的内容应与网站主题紧密相关,应依据主题来设定网站内容。当网站的内容确立后,应将这些网站内容按功能进行划分并设置栏目。设置栏目时的原则有以下四点:紧扣主题、导航清晰、设立最近更新或网站指南栏目、设立下载或常见问题解答栏目。

具体来说,可以参考下面的方法。

(1) 根据网站的目的确定网站的导航结构。一般企业型网站应包括公司简介、企业动态、产品介绍、客户服务、联系方式以及在线留言等基本内容。有的企业型网站还可以按语言分为中文版和英文版。

电子商务类网站要提供会员注册、会员管理、商品管理、商品查询、购物车、订单管理、订单查询和相关帮助等功能。

(2) 根据网站的目的及内容确定网站整合功能。如在网站中加入 Flash 引导页、会员系统、网上购物系统、在线支付、问卷调查系统、在线支付、信息搜索查询系统、流量统计系统等。

(3) 确定网站结构导航中每个频道的子栏目。如公司简介中可以包括领导致辞、发展历程、企业文化、核心优势、生产基地、科技研发、合作伙伴、主要客户、客户评价等;客户服务可以包括服务热线、服务宗旨、服务项目等。

网站的栏目及子栏目规划好后,可用来规划网页的页面。网站的栏目或子栏目可对应网站不同级别的页面。图 4-14 就是一个网站的页面级别规划。

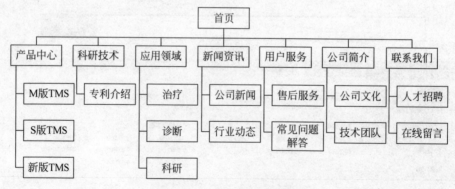

图 4-14　网站页面级别规划

4.2.4　网站目录结构设计

网站目录结构的好坏对于站点本身的上传维护、内容未来的扩充和移植有着重要的影响。在设计网站的目录结构时,要注意以下几点。

1. 设置根目录

首先需要确定下来的是根目录。在这里要明确主要的页面名称、页面标题、对页面的说明信息和完成的页面设计信息。这部分资料对于开发方来说,可以起到明确网站结构的作用,对于企业来说,可以用来指导日后维护和更新网站栏目。填写根目录和页面信息的表格如表4-1所示。

表 4-1　根目录和页面信息

页面名称	页面标题	说　明	页面设计信息

不要将所有文件都存放在根目录下。全部放在根目录下,一是会造成文件量过大,上传时,文件检索时间过长;二是会造成文件管理混乱,很容易搞不清需要编辑和更新的页面,影响工作效率。因此,应该根据需要设置子目录。

2. 按栏目内容建立子目录

在网站中建立的子目录应按栏目进行设置。首先应按网站主栏目建立目录;主栏目中的子栏目对应的目录应建在主栏目对应的目录之中。对于经常更新的页面,可以建立独立的更新目录用于存放这些页面。

对于要接收文件上传的网站,应建立一个统一的上传目录用于存放上传的文件,所有需要下载的内容,也应该统一存放在一个下载的目录之中。各栏目对应的目录及层次关系可制作如表4-2所示的网站目录表。

表 4-2　网站栏目对应的网站目录

网站栏目	目录名称	路　径	说　明

3. 构建层次简单、含义简洁、清晰的目录

目录的层次不要太深,目录的层次建议不超过三层,维护管理方便。不要使用中文名称的目录,不要使用过长的目录。

4. 应设置专门的图片目录

根目录及每个主栏目目录下都应建立独立的用于存放图片的目录(一般可命名为

images 或 pics 等名称)，这样方便管理。根目录下的图片目录只是用来存放首页的图片，主栏目下的图片目录则仅用于存放主栏目及其子栏目页面中的图片。

4.3　域名筹划

互联网以 IP(Internet Protocol)地址作为网络上的服务器的唯一标识。这样，访问者只需要输入网站的 IP 地址就可以打开网站主页。但由于 IP 地址不易记忆，通常都是采用域名访问网站。

所谓域名就是大家常说的网址。域名与 IP 地址是一一对应的，互联网上的域名名称也是唯一的。因此，在建立网站之前首先应该申请域名，然后将域名与网站的 IP 地址相关联，上网者就可以通过域名访问网站了。将域名与 IP 相互解析是通过域名解析服务(DNS)来完成的。

域名有多种划分方法，最主要的划分方法包括按区域划分的国内域名和国际域名以及按级别划分的顶级域名、二级域名、三级域名等。

4.3.1　域名基础知识

域名的命名是有一定规则的：任何域名都是由英文、字母或数字组成的，各部分之间用英文的"."来分隔。一个完整的域名应该由两个或两个以上的部分组成。

1. 域名的命名规则

1) 国际域名的命名规划

国际域名的命名必须遵循下列规则。

(1) 国际域名可使用英文 26 个字母，10 个阿拉伯数字以及横杠(-)组成，其中横杠不能作为开始符和结束符。

(2) 国际域名不能超过 67 个字符(包括.com、.net 和.org 等)。

(3) 域名不能包含空格，在域名中，英文字母是不区分大小写的。

2) 国内域名的命名规则

注册中国国内域名(也就是.cn 的域名)，由中国互联网络信息中心(CNNIC)负责。对于.cn 的域名注册，除了要遵循国际域名的命名规则外，还有以下要求。

为了避免与国际域名体系发生混淆，以下域名限制注册为.cn 二级域名。

(1) 其他国家和地区域名(ccTLD)设立的二级类别域名(21 个)。

(2) 类别顶级域名(gTLD)(37 个)。

(3) 常见姓氏(304 个)。

基于保护公共利益的原则，对于涉及国家利益及社会公共利益的名称，以下域名名称只能由有权使用者申请注册为域名。

(1) 国家和地区名称及缩写代码(729 个)。

(2) 国际政府间组织名称缩略语(31 个)。

(3) 国家机构名称(7452 个)，鉴于国家党政机关名称难以收集完整，因此将已经在.gov、.cn 下注册的三级域名，纳入限制性注册范围。

（4）部分领导人姓名的汉语拼音（79个）。

（5）有关国防和军事名称（467个）。

（6）市级以上行政区划的全称、正式简称（590个）。

（7）部分特殊电信码号资源（208个）。

2. 域名的分类

一个域名从左到右所表示的范围越来越大。最右边的部分称为顶级域名或一级域名，次右位置的部分称为二级域名，其他的以此类推。但是一般到三、四级域名即可，再多就不好记忆了。

例如 www.sina.com，表示的就是由两级域名组成的一个域名命令方案，一级域名是表示公司性质的com，二级域名是新浪公司的名称。

再比如 www.buu.edu.cn，表示的是由三个部分组成的域名命令方案，最右边的 cn 表示的是国家或地区性质的一级域名；二级域名是表示在教育机构的 edu；三级域名是 buu，表示北京联合大学。

1）顶级域名

域名的分类方式有很多种，最主要的方法是根据顶级域名进行分类，顶级域名又可以分为两大类。

（1）国家顶级域名，以国家或地区的缩写（两个英文字母）表示地域范围的域名。目前 200 多个国家和地区都按照 ISO 3166 国家/地区代码分配了顶级域名，表 4-3 列出了几个国家的顶级域名。

表 4-3 部分国家和地区使用的顶级域名

国家/地区	顶级域名	国家/地区	顶级域名
中国大陆	.cn	俄罗斯	.ru
英国	.uk	美国	.us
日本	.jp	法国	.fr

（2）国际顶级域名，以性质分类的类别域名。这些域名所表示的含义如表 4-4 所示。

表 4-4 国际顶级域名名称和表示的含义

域名	含义	域名	含义
.com	工商企业	.firm	一般的公司企业
.org	非营利组织	.store	销售公司或企业
.net	网络提供商	.web	突出 WWW 活动的企业
.edu	教育机构	.arts	突出文化、娱乐活动的企业
.mil	军事机构	.rec	突出消遣、娱乐活动的企业
.gov	政府部门	.info	提供信息服务的企业

2）其他级别域名的分类

在顶级域名之下的二级域名，甚至三级域名则可以由相应顶级域名的管理部门进行进一步的细分。我国顶级域名是.cn,这也是我国的一级域名。在其下,二级域名又分为类别域名和行政区域名两类。

(1)类别域名。我国二级域名中类别域名的名称和含义如表 4-5 所示。

表 4-5 我国二级域名中类别域名的名称和含义

域名	含 义	域名	含 义
.ac	科研机构	.gov	政府部门
.com	工商金融企业	.net	互联网络信息中心和运行中心
.edu	教育机构	.org	非营利组织

(2)行政区域名。行政区域名分别对应于我国各省、自治区和直辖市,使用两个汉语拼音字母进行表示,比如北京使用.bj 表示,天津使用.tj 表示。

4.3.2 域名规划

域名是人们访问网站时的第一印象,好的域名是网站成功的开始,如果该域名具有简洁、明了、好记、含义深刻等特点,则可以肯定这是一个非常好的域名。

域名的命名最直接的方法是使用网站所属公司的英文名称或英文名称缩写,例如:英特尔公司(Intel)的域名是 Intel.com,联想集团的域名则是 lenveo.com 或 lenveo.com.cn 等,北京联合大学(Beijing Unit University)的域名是 buu.edu.cn。

"亲子有声阅读交流网"的域名规划也应按其名称简写进行域名申请,即准备申请的域名是 qinziys.com,备用的域名名称是 qinziys.com.cn、qinziys.cn、qinziys.net。

【小贴士】

在域名规划时,不能只规划一个域名,因为有可能这个域名已经被其他人注册了,因此可以多规划几个域名,以备使用。本示例中域名规划为 qinziys.com,备用域名规划为 qinziys.com.cn 或 qinziys.cn 等。

实训 4-1

域名的申请

【实训目的】
(1)了解域名申请的方法和步骤。
(2)了解中国万网。

【知识点】
(1)中国万网(www.net.cn)是在域名注册以及主机托管领域名列前茅的网站。
(2)本实训以在中国万网上申请国内域名为例,说明域名申请的步骤和方法。

【实训准备】
具备上网功能的计算机。

【实训步骤】

1. 进入并登录中国万网

如果不是中国万网的注册用户,请先注册一个新的中国万网的账号,然后用新注册的中国万网用户名进行登录。如果使用者本身是淘宝会员,可使用淘宝账号直接登录,并使用支付宝账号进行实名认证。

2. 进入"域名服务"栏目,查询要注册的域名是否已经被注册过

如图 4-15 所示,在中国万网域名查询框输入要查询的域名,并在右侧选择要使用的域名类型(本例由于使用 www.qinziys.com 作为网站的域名,故要选择.com 类型),然后单击"查询"按钮,中国万网会列出该域名及相关域名是否被注册的信息。如果没有被注册,可进行购买。

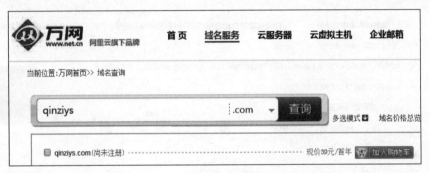

图 4-15　中国万网域名查询

3. 注册新域名

(1) 如果域名没有被注册,则会出现如图 4-15 所示的界面,此时可选择自己需要的域名,放入购物车。不同域名由于类型不同,其价格也不尽相同。

(2) 在这里,选择 qinziys.com 这个域名,放入购物车,如图 4-16 所示。

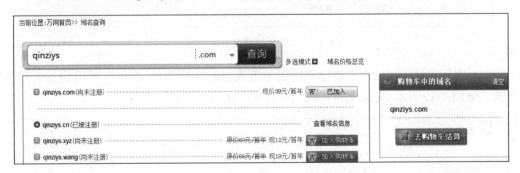

图 4-16　将域名放入购物车

(3) 单击"去购物车结算"按钮,出现如图 4-17 所示的界面,选择域名购买年限及所有者的类型。

(4) 单击"立即结算"按钮,网站会进入会员信息填写的界面,如图 4-18 所示。填写域名所有者的信息,并单击"我已阅读、理解并接受",然后单击"确认订单,继续下一步"。

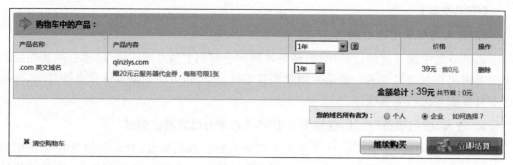

图 4-17　选择域名的购买年限和所有者类型

域名所有人信息

域名所有者中文信息：　□用会员信息自动填写 (如会员信息与域名所有者信息不符，请您仔细核对并修改)

域名所有者类型：　企业

域名所有者名称代表域名的拥有权，请填写与所有者证件完全一致的企业名称或姓名。

域名所有者单位名称：*

域名管理联系人：*

所属区域：*　中国　-省份-　-城市-

通讯地址：*

邮编：*

联系电话：*　86　地区区号　电话号码

手机：*

电子邮箱：*

企业管理人：

所属行业：　请选择

图 4-18　填写域名所有人信息

（5）进行支付。可采用支付宝或网银等方式进行在线支付，也可以采用线下支付的方式。如图 4-19 所示，完成支付。但此时并未真正完成域名的申请。

图 4-19　域名购买支付成功

（6）提交注册信息，进行域名实名认证。个人的域名需要提交身份证号和身份证正、反面电子文件，企业的域名需要提交企业证件照电子文件。如图 4-20 所示表示提交成功。

上传资料成功

域名所有者实名认证上传资料成功，我们将在2个工作日内完成审核，请您耐心等待审核结果。

图 4-20　提交实名认证信息，等待审核

（7）等待审核，可在域名管理的基本信息中查看审核的进度，如图 4-21 所示，当审核完成，域名购买的程序即完成了，审核完成后的进度界面如图 4-22 所示。

图 4-21　查询实名认证审核状态

图 4-22　实名认证通过状态

4.4　Web 网站服务器规划

服务器（Server）指的是在网络环境中为客户机（Client）提供各种服务的专用计算机，在网络环境中，它承担着数据的存储、转发、发布等关键任务，是网络中不可或缺的重要组成部分。网站的内容需要存放在服务器上（包括所需的数据库服务器、FTP 服务器等），以方便用户访问。

不同的网站对服务器的性能、费用、回报等诸多因素有不同的要求,因此用户可以有多种使用服务器的选择。

4.4.1　自建自管服务器规划

自建自管服务器是指网站的建设、运行和管理维护都由企业本身完成,与其他方式相比,它要考虑服务器的入网方式。

1. 拨号接入方式

ADSL 是目前 DSL 技术系列中最适合宽带上网的技术,理论上 ADSL 可在 5km 的范围内、在一对铜缆双绞线上实现下行速度达 8Mb/s、上行速率达 1Mb/s 的数据传送。

但由于受骨干网带宽、网站服务器速度以及线路状况的限制并基于经济性等方面的考虑,现阶段运营商在开放 ADSL 接入业务时提供的下行带宽一般限制在 512kb/s～2Mb/s 范围内。ADSL 的标准化很完善,产品的互通性很好,随着使用量的增大价格也在大幅下降,而且 ADSL 接入能提供 QoS 服务,且确保用户能独享一定的带宽。ADSL 作为经济便捷的宽带接入途径,是目前中国两大固定网络运营商重点发展的宽带技术。

2. 专线接入方式

DDN 专线将数字通信技术、计算机技术、光纤通信技术以及数字交叉连接技术等有机地结合在一起,提供了一种高速度、高质量、高可靠性的通信环境,为用户规划、建立自己安全、高效的专用数据网络提供了条件,因此,在多种互联网的接入方式中深受广大客户的青睐。

3. 局域网接入方式

局域网接入方式能提供的带宽是其他方式无法比拟的,而光纤到户(FTTH)是局域网接入的根本解决手段,不过现阶段 FTTH 还不是经济可行的,现阶段主要是实现光纤到大楼/小区。在光纤到大楼/小区后,实现光纤接入的主要技术手段有 ATM 多业务接入、SDH 接入、千兆以太网接入等有源光纤接入技术和无源光纤接入技术。

4. 无线接入方式

无线接入方式由于摆脱了线缆的束缚而有着巨大的吸引力。根据终端的可移动特性,宽带无线接入可分为固定无线接入、可小范围低速移动的无线接入(如 WLAN)和可大范围高速移动的无线接入(如 4G)等。

无线局域网(WLAN)是利用无线接入手段的新型局域网解决方案,具有良好的发展前景。它利用射频(RF)技术,使用电磁波取代双绞铜线所构成的局域网络,在空中进行通信连接,使无线局域网络能利用简单的存取架构让用户通过它,达到"信息随身化、便利走天下"的理想境界。

4.4.2　服务器托管

有的企业由于空间的不足,可以使用服务器托管的方式进行网站的搭建。

服务器托管是指客户自行采购主机服务器(主机尺寸应按规定选购,比如服务器的 U 数),并安装相应的系统软件及应用软件以实现用户独享专用高性能服务器。托管的服务器由客户自己进行维护,或者由其他授权人进行远程维护。

即由用户自行购买服务器设备放到当地电信、网通或其他 ISP 运营商的 IDC 机房。服务器托管可以为用户节省空间,而且由于具有完善的机房设施、高品质的网络环境、丰富的带宽资源和运营经验以及可对用户的网络和设备进行实时监控的网络数据中心,因此系统会更安全、可靠、稳定、高效地运行。不过由于服务器托管是在异地放置的服务器主机,因此其管理与维护只能通过网络来操作,相对来说,投入成本也比较贵。

4.4.3　租用服务器

租用服务器或是租用网站空间都是指用户由于种种原因,无法选购买主机,只能根据自己业务的需要,提出对硬件配置的要求,从服务提供商处租用一台主机或是一部分空间。

1. 租用服务器

租用服务器(也称为租用独享主机)是指服务器由服务商提供,用户采取租用的方式,安装相应的系统软件及应用软件以实现用户网站建设的需求。租用服务器使用户的初期投资减轻,从而更专注于业务的研发。

2. 租用网站空间

租用网站空间也称为购买虚拟主机,是指用户从服务提供商处的服务器中租用一部分空间使用,这种方式占用较少的资金,而且用户不用考虑网站空间的安全等问题。但是这种方法会受到比较多的限制,比如网站空间的大小、数据库的大小以及开发环境和数据库类型等。

 **实训 4-2**

撰写网站策划书

【实训目的】

(1) 了解网站策划书的撰写工作。

(2) 掌握网站策划书包括的内容。

【知识点】

网站策划书本质上就是将网站规划的内容撰写出来,将网站规划方案以书面的形式确定下来,为网站设计作准备。

【实训准备】

有一个确定的网站项目。

【实训步骤】

1. 进行市场策划分析

这部分要针对公司的产品所属行业进行市场策划分析,大致有以下三方面内容。

(1) 相关行业的市场是怎样的,市场有什么样的特点,是否能够在互联网上开展公司业务?

(2) 市场主要竞争者分析、竞争对手上网情况及其网站规划、功能作用。

（3）公司自身条件分析、公司概况、市场优势，可以利用网站提升哪些竞争力，建设网站的能力(费用、技术、人力等)。

2. 进行网站功能定位

这部分内容可从以下几方面进行分析。

（1）为什么要建立网站，是为了宣传产品，进行电子商务，还是建立行业性网站？是企业的需要还是市场开拓的延伸？

（2）整合公司资源，确定网站功能。根据公司的需要和计划，确定网站的功能：产品宣传型、网上营销型、客户服务型、电子商务型等。

（3）根据网站功能，确定网站应达到的目的作用。

3. 选择网站技术方案

根据网站的功能确定网站技术解决方案。确定搭建服务器的方式、选定操作系统软件、确定开发程序、确认域名、制订网站安全性措施等。

4. 确定网站内容

这部分将规划网站的内容构架，主要确定以下五方面内容。

（1）确定网站主题。

（2）确定网站内容。

（3）根据网站内容划分网站功能。

（4）确立网站栏目。

（5）规划网站目录结构。

5. 进行网站版面设计

这部分内容主要是规划网站的界面风格及设计原则。

6. 确定网站测试与发布方法

这部分内容将制订网站测试与发布的方法。

7. 制订网站管理与维护规划

这部分内容将制订网站的管理手段及网站维护的方法，特别是网站的改版计划等，如半年到一年时间进行较大规模改版等。

8. 确定网站推广方法

这部分内容主要是制订网站推广的方案。

9. 制订网站费用预算

这部分内容是针对上述策划内容进行详细的费用预算。

 案例

本书所涉及的示例是以某公司为提高其知名度，推广其产品而建设的网站。由于该公司主营业务是生产儿童教育音像制品，且目前没有什么知名度，故该网站的先期建设目的并不是直接进行网上销售，而是通过在网站中架设亲子阅读论坛、提供二手书交流活动场所、免费试听公司的儿童教育音像制品等形式吸引家长们,迅速聚集人气,提升网站用户数。当网站用户达到一定量的时候再开展网上销售。

本书建设的网站名为"亲子有声阅读交流网",初期将采用租用虚拟主机和空间的方式进行服务器和连入网络的规划,并采用CMS建站工具进行网站的设计和开发,采用博客、微博、QQ群等推广方式进行推广。

本章小结

本章主要介绍了网站的类型和网站内容、表现形式、逻辑组织等,同时探讨了服务器规划和域名的获得等问题。通过网站类型的介绍说明了不同类型的网站主题、表现要点,以此为基础,指导我们获取企业网站的内容主题、表现方式、逻辑组织、网上名称获取及服务器应用规划。要求重点把握网站主题获取、表现形式及逻辑组织。了解域名规划和服务器管理方式。

本章习题

(1) 根据本章网站类型的介绍,将你所熟悉的网站按相应类型进行分类。

(2) 网站主题如何确定? 找出一两个中小企业网站,进行主题分析。

(3) 网站目录结构如何确定? 列举一个网站,分析它的目录结构是怎样的。

(4) 说明如何获取域名。

(5) 说明筹建服务器的常用方法。

第 5 章

建 站 技 术

学习目标

➤ 掌握静态网站的建站技术。
➤ 掌握动态网站主要技术环节。
➤ 了解常见的建站工具。

我们知道 Web 是 Internet 网络服务中的一种信息服务形式,它是以 B/S 架构为基础的。网络信息资源以 HTML 形式编成网页,诸多网页集合在一起形成网站,存储在服务器上。用户通过浏览器以 HTTP 约定的命令向服务器提出信息服务请求,并将返回信息进行解析,在浏览器上进行显示,以供浏览。从信息服务是否事先预定的角度看,Web 服务被分为静态网站技术和动态网站技术两个阶段。本章主要介绍这些网站中所设计的建站技术问题。

5.1 静态网站技术

计算机和网络技术的发展导致了电子文档的出现。电子文档的广泛使用改变了我们传统的基于纸媒体的阅读习惯,由于电子文档可以轻易地实现超级链接,引发了文档的阅读从传统的以行、列为基础的二维空间向多维空间发展。如为了获得一个完整的信息我们不必按照传统的阅读方式,将整篇文档读完,而只需要按照文档中建立的超级链接阅读相关资料即可。这时作为信息载体的文本也就变成了超文本,一种新的文档形式就这样产生了,如图 5-1 所示。

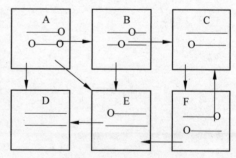

图 5-1　带有超级链接的文档

5.1.1 中小企业 Web 系统基础架构

静态网站技术是完全基于 B/S 架构的,如图 5-2 所示。

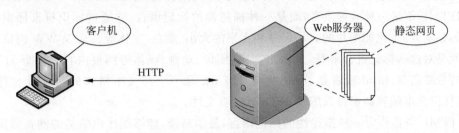

图 5-2 B/S 结构的系统结构图

1. 静态网站的优点

(1) 静态网站打开的速度相对比较快,因为它没有其他的程序和数据读取。

(2) 静态网站容易被搜索引擎收录。

(3) 静态网站比较安全,重要数据不会丢失。

2. 静态网站的缺点

(1) 不能直接对网站内容进行修改,维护操作比较烦琐。

(2) 实现不了会员注册和在线留言等功能,只能以信息及产品展示为主。

(3) 如果网站内容非常多,采用静态网站制作是非常烦琐的过程,每个页面都要单独制作,而且要注意网站栏目之间和网页之间的逻辑关系,如图 5-3 所示。

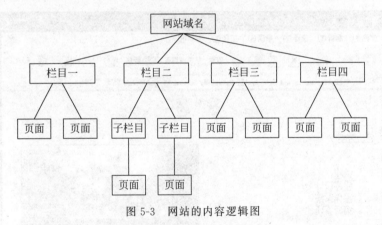

图 5-3 网站的内容逻辑图

5.1.2 建网站的主要技术

1. HTML 语言

万维网之父蒂姆·贝纳斯·李于 1989 年提出全球超文本计划,后来改名为万维网(WWW=World Wide Web,环球网)。

1990 年 10 月,Berners-Lee 写出了第一个万维网服务器(HTTP)和第一个客户机软件(HTML 浏览器)。1990 年 12 月,万维网开始在 CERN(欧洲核子研究组织)内部推出,1991 年夏天开始在互联网上流行。

HTML 是 Hyper Text Markup Language(超文本标记语言)的缩写,它是构成 Web 页面的基本元素,它是一种规范,一种标准,几乎所有的网页都是以 HTML 格式书写的。

HTML 不是一种编程语言,而是一种描述性的标记语言,它通过标识符来标识网页内容的显示方式,比如图片的显示尺寸和文字的大小、颜色、字体等。而 WWW 浏览器的功能就是对这些标记进行解释,显示出文字、图像、动画、媒体等网页内容。一个 HTML 文件的后缀名是.html 或者是.htm,由于 HTML 是一个纯文本格式的 ASCII 文件,因此,用任何文本编辑器都可以编写 HTML 网页文件。

HTML 语言作为一种描述性的标记语言,易学易懂,能够制作出精美的网页效果,其主要功能如下。

(1) 表示文档结构(html、head、title、body)。

(2) 格式化文本(font、hi、p、br、hr、b、i、u、sup、sub)。

(3) 创建列表(ul、ol、li)。

(4) 建立表格(table、caption、tr、th、td)。

(5) 表单(form、input、select、option)。

(6) 链接(a)。

(7) 图像(img)。

(8) 框架(frameset、frame)。

例如,为了实现如下的文档显示(图 5-4),需要在文档内容上做如下标记,以供在 Web 环境下浏览器进行识别和展示。

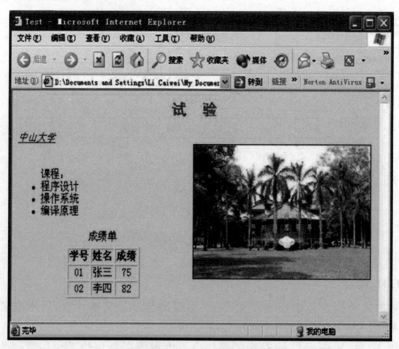

图 5-4　HTML 标记的示例

```
<!DOCTYPE html PUBLIC " - //W3C//DTD XHTML 1.0 Transitional//EN"
"http://www.w3.org/TR/xhtml1/DTD/xhtml1 - transitional.dtd">
< html xmlns = "http://www.w3.org/1999/xhtml">
  < html >
      < head > < title > Test </title>
      < meta charset = "gb2312">
      < bgsound src = "trippygaia.mid" loop = " - 1"/>
      </head>
      < body bgcolor = "yellow">
            < h2 align = "center">
            < font face = "黑体" color = "red">试   验</font >
      </h2>
      < a href = "http://www.sysu.edu.cn"><i>中山大学</i></a><br/>
      < img src = "sysu.jpg" align = "right"/><br/><br/>
      < ul align = "left">课程:
            <li>程序设计</li>  <li>操作系统</li>  <li>编译原理</li>
      </ul>
      < table align = "center" border >
            < caption>成绩单</caption>
            < colgroup span = "3" align = "center"/>
            < tr > < th>学号</th> < th>姓名</th> < th>成绩</th> </tr>
            < tr > < td > 01 </td>  < td>张三</td>  < td > 75 </td> </tr>
            < tr > < td > 02 </td>  < td>李四</td>  < td > 82 </td> </tr>
      </table>
      </body>
</html>
```

2. CSS

HTML 是一种用文本标记描述结构化数据,并具有严格语法规则的形式语言。因此其设计之初,就在文档的表现方面有先天的不足。为了克服这一缺陷,哈坤于 1994 年在芝加哥的一次会议上提出了 CSS(层叠样式表)的建议。1997 年年初,W3C 内组织了专门管理 CSS 的工作组。这个工作组于 1998 年 5 月出版了 CSS 的第 2 版。

CSS 是一种用来表现 HTML 和 XML 等文件样式的计算机语言。CSS 语言是一种标记语言,它不需要编译,可以直接由浏览器解释执行(属于浏览器解释型语言)。

那么为什么要在样式前面加层叠呢? 这是因为在页面显示的过程中,有很多的样式作用在页面元素上,这些样式来自不同的地方。浏览器自己有默认的样式,网页作者有自己写的样式,用户也可能有自己的样式,但是最终显示的样式是其中之一,它们之间产生了冲突,CSS 通过一个称为层叠(cascade)的过程处理这种冲突。

CSS 布局相对于传统的 TABLE 网页布局具有以下三个显著优势。

(1) 表现和内容相分离。将设计部分剥离出来放在一个独立样式文件中,HTML 文件中只存放文本信息。这样的页面对搜索引擎更加友好。

(2) 提高页面浏览速度。对于同一个页面视觉效果,采用 CSS 布局的页面容量要比 TABLE 编码的页面文件容量小得多,前者一般只有后者的 1/2 大小。浏览器就不用去编译大量冗长的标签。

（3）易于维护和改版。只要简单地修改几个 CSS 文件就可以重新设计整个网站的页面。

CSS 定义样式有以下几个大类，它们分别是文字效果、背景效果、边框设计和盒子模型等，每个类都有自己相应的属性，通过它们可以实现对布局、字体、背景和其他图文效果更加精确的控制。

3. JavaSscript 脚本语言

为了增强静态网页的交互性和动态性，在网页设计中，我们一般使用脚本语言来完成这一任务，Javascript 正是在这一背景下引入的。

JavaScript 是一种基于对象（Object）和事件驱动（Event Driven）并具有安全性能的脚本语言。使用它的目的是与 HTML 超文本标记语言一起实现在一个 Web 页面中链接多个对象，与 Web 客户交互作用，从而可以开发客户端的应用程序。它是通过嵌入或调入在标准的 HTML 语言中实现的。它的出现弥补了 HTML 语言的缺陷，具有以下几个基本特点。

JavaScript 是一种脚本语言，它采用小程序段的方式实现编程。像其他脚本语言一样，JavaScript 同样是一种解释性语言，它提供了一个简易的开发环境。它的基本结构形式与 C、C++、VB、Delphi 十分类似。但它不像这些语言需要先编译，而是在程序运行过程中被逐行地解释。它与 HTML 标识结合在一起，从而方便用户的使用操作。

JavaScript 是一种基于对象的语言，同时可以看作一种面向对象的语言。这意味着它能运用自己已经创建的对象。因此，许多功能可以来自脚本环境中对象的方法与脚本的相互作用。

JavaScript 的简单性主要体现在：①它是一种基于 Java 基本语句和控制流之上的简单而紧凑的设计，从而对于学习 Java 是一种非常好的过渡；②它的变量类型采用弱类型，并未使用严格的数据类型。

JavaScript 是一种安全性语言，它不允许访问本地的硬盘，并不能将数据存入服务器上，不允许对网络文档进行修改和删除，只能通过浏览器实现信息浏览或动态交互，从而有效地防止数据的丢失。

JavaScript 是动态的，它可以直接对用户输入做出响应，无须经过 Web 服务程序。它对用户的反映响应是采用以事件驱动的方式进行的。所谓事件驱动，就是指在主页（Home Page）中执行了某种操作所产生的动作，就称为事件（Event），比如按下鼠标键、移动窗口、选择菜单等都可以视为事件。当事件发生后，就会引起相应的事件响应。

JavaScript 依赖于浏览器本身，与操作环境无关，只要能运行浏览器的计算机，并支持 JavaScript 的浏览器就可正确执行。从而实现了"编写一次，走遍天下"的梦想。

JavaScript 是一种新的描述语言，它可以被嵌入到 HTML 的文件之中。JavaScript 语言可以做到回应使用者的需求事件（如 form 的输入），而不用任何网络来回传输资料，所以当一位使用者输入一项资料时，它不用经过传给服务器处理再传回来的过程，而直接可以被客户端的应用程序所处理。

4. 从网页制作的角度看网页的构成

现在的网页制作,从开发的技术角度看强调内容、结构、表现和行为的结合,其中,内容就是页面实际要传达的真正信息,包含数据、文档或者图片等,注意这里强调的"真正",是指纯粹的数据信息本身;结构是指对内容进行的逻辑层面的分析,如把文章分成标题、作者、章、节、段落和列表等;表现是指用来改变内容外观的东西;行为是指对内容的交互及操作效果。这四者之间的关系如图 5-5 所示。

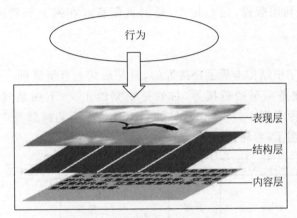

图 5-5 从制作角度看网页的构成要素

在网页的制作过程中,上述技术环节中的首选工具就是 HTML、CSS、JavaScript 这三门利器,而其编辑工具既可以是纯文本编辑器 Windows 自带的记事本,也可以是集成编辑环境 Dreamweaver 或其他专业集成编辑工具等。

5.1.3 网站布局设计

1. 网页版面布局设计步骤

1)构思作草图

这个步骤属于创造阶段,尽可能地发挥想象力,不讲究细腻工整,不必考虑细节功能,只以简练的线条勾画出创意的轮廓即可,根据网站内容的整体风格,应尽可能多画几张,最后选定一个满意的创作,完成版面布局设计。

2)效果图

在草图的基础上,根据策划要求将必要的功能模块安排到页面上。这个阶段应该用 Photoshop 这样的设计软件进行绘制。

功能模块包括网站标志、广告条、导航菜单、计数器、搜索框、友情链接、版权信息、文章列表(或产品列表)等。

效果图要依据网站主题、美学设计原理和浏览者的阅读心理安排各模块的主从位置。

3)定稿

这一阶段是将各主要元素确定好之后,考虑文字、图像、表格等页面元素的排版布局。一般是用网页编辑工具根据效果图制作成一个简略的网页,然后进行精加工,仔细调整页面元素,各元素所占的比例要有详细的数字,以便修改。

2. 常见的布局类型

网页上的布局各不相同,却各有特色。常见的布局类型有以下几种。

1) 国字型

也可以称为"同"字型,是一些大型网站所喜欢的类型,如图 5-6 所示,这种结构最上面是网站的标题以及横幅广告条,下面是网站的主要内容,左右分列菜单等内容,中间是主要部分,与左右一起罗列到底,最下面是网站的一些基本信息、联系方式、版权声明等。这种结构能够充分利用版面,信息量大,是网页浏览者在网上见到的最多的一种结构类型。

2) 拐角型

这种结构与国字型结构本质上是接近的,只是形式上有所区别。上面是标题及广告横幅,接下来的左侧是一窄列链接等,右列是很宽的正文,下面是网站的辅助信息,如图 5-7 所示。在这种类型中,一种很常见的类型是最上面为标题及广告,左侧为导航链接。这种结构简单明了,容易把握。

图 5-6 国字型

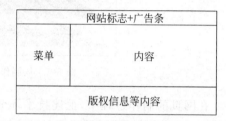

图 5-7 拐角型

3) 标题正文型

这种结构简洁,最上面是标题或广告条,下面是正文,最下面是版权等信息,如图 5-8 所示,网站中的文章页面或注册页面多采用这种布局。

4) 左右框架型

这是一种左右的框架结构,显得清晰,一目了然。如图 5-9 所示,左侧是导航链接,右侧是正文。大部分的大型论坛都是这种结构的,有一些企业网站也采用这种类型。

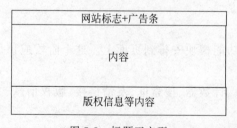

图 5-8 标题正文型

图 5-9 左右框架型

5) 上下框架型

与左右框架型类似,但这种结构将页面分为上下两部分,如图 5-10 所示。

6）封面型

这种类型一般出现在网站的首页，一般表现为"精美的平面设计＋小动画＋链接"的形式，也可以直接在首页图片上做链接而没有任何提示。其特点就是生动活泼，简单明了，如图5-11所示。

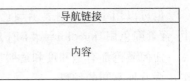

导航链接
内容

图5-10　上下框架型

图5-11　封面型

7）Flash型

这种结构与封面型类似，但与封面型不同的是，采用了Flash动画，这样由于Flash具有的动感十足的表现，使页面所表达的信息就更为丰富，其视觉及听觉效果更为突出。

在网站的实际设计中具体采用哪种结构要具体情况具体分析。如果网站的内容非常多，就要考虑用国字型或拐角型；而如果内容不算太多而说明性的东西比较多，则可以考虑标题正文型；框架结构的一个共同特点就是浏览方便，速度快，但结构变化不灵活；而如果一个企业网站想展示企业形象，封面型是首选；Flash型更丰富灵活一些，但是它不能表达过多的文字信息。

5.1.4　网页色彩搭配

一个网站被打开时，给用户留下的第一印象就是网站的色彩。色彩对人的视觉有非常明显的效果。一个网站设计的成功与否，在某种程度上取决于设计者对色彩的运用和搭配。在网页设计的平面图上，色彩的冲击力是最强的，它很容易给用户留下深刻的印象。因此，在设计网页时，应高度重视色彩的搭配。

1. 色彩

颜色是由于光的折射而产生的。不能再分解的基本色称为原色，原色可以合成其他颜色，而其他颜色却不能还原出本来的色彩。红、黄、蓝就是三原色，其他颜色都可以用这三种颜色调和而成。

计算机中的RGB颜色表示法就是利用三原色进行调色的一种方案，即红、绿、蓝三种颜色分别用0～255的整数表示，三种不同的颜色的组合就构成了其他颜色。如(255,0,0)表示红色,(0,0,255)表示蓝色,(255,255,255)表示白色,(0,0,0)表示黑色。

也可以用十六进制表示颜色,如♯FF0000表示红色,♯FFFFFF表示白色,在网页中,背景颜色用"bgcolor＝♯FFFFFF"表示网页背景用白色表示。

任何颜色都有饱和度和透明度的属性,属性的变化产生不同的颜色,所以至少可以制作几百万种不同的颜色。

颜色分非彩色和彩色两类。非彩色是指黑、白、灰系统色。彩色是指除了非彩色以外的所有色彩。黑白是最基本和最简单的搭配,白字黑底、黑底白字都非常清晰明了。灰色是万能色,可以和任何色彩搭配,也可以帮助两种对立的色彩和谐过渡。如果实在找不出合适的色彩,采用灰色同样会取得不错的效果。

网页制作用彩色还是非彩色,要根据网页主题的不同而进行不同的选择。根据专业的研究机构研究表明:彩色的记忆效果是黑白的3.5倍。也就是说,在一般情况下,彩色页面比完全黑白的页面更容易吸引人们的注意。

但是大部分网站设计人员采用主要内容文字用非彩色(黑色)、边框、背景、图片用彩色的配色方案。这样页面整体不单调,看主要内容也不会眼花。

2. 常见的配色方案

不同的颜色可以表示不同的含义。

1) 红色

红色代表热情、活泼、热闹、温暖、幸福。红色容易引起人的注意,也容易让人兴奋、激动、紧张、冲动,是一种容易造成人视觉疲劳的颜色。

2) 黄色

黄色代表明朗、愉快、高贵、希望。

3) 蓝色

蓝色代表深远、永恒、沉静、理智、诚实、公正、权威。蓝色是一种在淡化后仍然能保持较强个性的颜色。在蓝色中分别加入少量的红、黄、黑、橙、白等色,都不会对蓝色构成较为明显的影响。

4) 白色

白色代表光明、纯真、纯洁、朴素、明快、快乐。白色具有圣洁的不容侵犯性。如果在白色中加入其他颜色,都会影响其纯洁性,使之变得含蓄。

5) 紫色

紫色代表优雅、高贵、魅力、自傲、神秘。在紫色中加入白色,可使网页变得优雅、娇气,并充满女性的魅力。

6) 绿色

绿色代表新鲜、希望、和平、柔和、安逸、青春。

7) 粉色

粉色代表明快、清新、成长、幼小。在表现未成年女性或儿童时,粉色是一个可考虑使用的颜色。

8) 灰色

在商业设计中,灰色属于中间色,具有柔和、高雅的意象,男女都能接受。在高科技的产品中,通常采用灰色。使用灰色时,要利用不同的层次变化组合或用它配合其他色彩,才不会使页面给人过于平淡、沉闷、呆板和僵硬的感觉。

9）黑色

黑色是具有丰富内涵的颜色，具有很强大的感染力。黑色能表现出特有的高贵，显得庄严、严肃、坚毅。黑色也有恐怖、烦恼、忧伤、消极、沉睡和悲痛的含义。

黑色与白色表现出了两个极端的亮度，这两种颜色的搭配可以表现出都市、现代化的感觉。

3. 冷暖色彩设计

色彩本身并无冷暖之分，但是当人看到不同的色彩时，会产生不同的心理联想，从而引起心理情感的变化。

（1）暖色。用户见到橙色、黄色、红紫色和红色等颜色后，会联想到火焰、太阳、热血等物象，感觉到温暖、热烈，这些颜色称为暖色。采用暖色设计的网站具有向外辐射和扩张的视觉效果，鲜艳夺目，散发着照耀四方的活力与生机。

例如儿童网站采用粉色、橙色等暖色调可给人以可爱温馨的感觉。

（2）冷色。用户见到草绿、蓝绿、天蓝和深蓝等颜色后，很容易联想到草地、天空、冰雪和海洋等物象，产生广阔、寒冷、理智、平静等感觉。这些颜色称为冷色。采用冷色设计的网站会减轻视觉疲劳、安定情绪、降低体温。例如，医院的网站一般采用以平安镇静为主的蓝色调，科技类的网站采用蓝色或绿色等为主的冷色调。

【小贴士】

几类网站常用的色调：

儿童网站多采用红色、橙色、黄色、红紫色、橘红色等暖色调。

女性网站多采用红色等暖色调。

休闲娱乐网站采用红色、紫色、橘红色等暖色调。

运动、健康和医院网站多采用蓝色、绿色等冷色调。

饮食网站多采用橙色、橘红色等暖色调。

日用品网站多采用淡冷色、淡暖色或中性色调。

4. 网页的配色规则及技巧

网站的色彩搭配很重要，而色彩搭配要有一定的规则和技巧。掌握了配色规则和技巧才能设计出一个优秀的网站。

1）配色规则

网页的配色规则是根据网页具体位置的不同而设定的。

（1）网页标题。网页标题是网站的指路灯，用户在网页间跳转时，要了解网站的结构和内容，都要通过导航或者页面中的小标题来进行。因此，可以使用稍微具有跳跃性的色彩，吸引用户的视线，从而使网站清晰明了、层次分明。如果不同的标题使用相近度高的颜色，用户会感到混乱。

（2）网页链接。网页中一般都会包含链接，作为链接的文字，与普通的文字颜色应该有区别。在网页编辑的工具中，使用超链接的文字应用不同的颜色，单击前和单击后的超链接文字的颜色也应有所不同。

（3）网页文字。如果一个网站采用了某种背景色,那这个网页中的文字颜色一定要与背景色相搭配。一般网站侧重的是文字,背景可选择纯色或明度较低的色彩,文字用较为突出的亮色,让人一目了然。

有时,为了吸引用户,网站突出了背景,文字就应显得暗一些,这样文字才能与背景分离开,从而便于用户阅读网页中的文字。

（4）网页标志。网页标志就是前面说的 Logo 或 Banner。这部分内容除了要放在页面上显眼的地方外,还要用鲜亮的色彩实现突出显示的效果,并且作为标志,其颜色要跟网页的主题色分离开,通常是采用与主题色相反的颜色来设计网页标志。

2）不同类型的网站色彩设计规则

网站有很多类型,不同类型的网站,其色彩也会有不同的要求。

（1）门户类网站。这类网站主要需求是方便浏览者在大量的信息中快速有效地进行目标选择,因而网页色彩可倾向于清爽、简洁。一般是沿用公司主色系或 Logo 来做区分,便于用户对品牌的识别。

（2）社区类网站。社区类网站主要以分享、交流为主,其主要目的是使操作简单易用,具有长时间使用的舒适度,因此,其页面色彩也倾向于清爽简洁。如人人网,其主要面向的是在校的学生,因此在网页的顶端上使用活泼的蓝色来渲染青春朝气的氛围。

（3）电子商务类网站。电子商务类网站的主要目的是方便快捷地查看商品和进行交易,运用暖色调渲染气氛,可让用户感受到网站整体的活跃氛围和愉悦感。

（4）产品展示类网站。这类网站的主要目的是展示产品的特性,增加浏览者的消费心理。页面色彩可根据具体产品定位做多样化的设计。

（5）公司展示类网站。这类网站的目的是展示企业形象,提高品牌印象,可应用 Logo 的主色系设计,达到品牌形象的统一。

（6）个人类网站。这类网站主要目的是满足用户个性展示和驾驭能力的需求,页面色彩设计应多样化、个性化。有很多网站采用的换肤技术,可以让用户自定义网站的色彩。

5.2 基于 Web 数据库的动态网站

典型的基于 Web 的信息系统运行环境包括三部分: Web 浏览器、Web 服务器和数据库管理系统,如图 5-12 所示。

图 5-12 典型基于 Web 的信息系统运行环境

5.2.1 Web 服务器技术

1. Web 服务器概述

Web 服务器是在 Web 服务器计算机上运行的一个应用程序,它通过 Web 浏览器与用户进行交互。其主要功能如下。

（1）静态信息发布。Web 服务器可以将大量的 HTML 文件及其他信息文件存储在自己的文件系统中，然后根据浏览器发出请求，将相应的文件发送给浏览器。

（2）动态信息发布。Web 服务器可以根据用户要求动态生成页面以获得与用户交互的效果。如用户可以将姓名、地址、信用卡号、购买意向等通过页面上的表格发送给 Web 服务器，Web 服务器可以将这些信息写入数据库，并给用户一个反馈，实现电子购物。

从上述功能看，完成静态信息发布的服务器称为 HTTP 服务器，完成动态信息发布的服务器为 Web 应用服务器。HTTP 服务器的主要工作是显示站点内容，Web 应用服务器负责逻辑、用户与显示内容之间的交互。Web 应用服务器与 HTTP 服务器一起工作，其中一个显示，另一个交互。现在一般把这两个服务器统称为 Web 服务器，如图 5-13 所示。

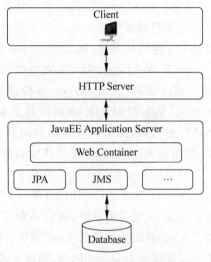

图 5-13　Web 服务器

应用程序服务器通过各种协议（包括 HTTP）把商业逻辑暴露给客户端应用程序。HTTP 服务器主要是向浏览器发送 HTML 以供浏览，而应用程序服务器提供访问业务逻辑的途径以供客户端应用程序使用。应用程序使用此业务逻辑就像调用对象的一个方法（或过程语言中的一个函数）一样。

应用程序服务器的客户端（包含有图形用户界面（GUI）的）可能会运行在一台 PC、一个 Web 服务器或者甚至是其他的应用程序服务器上。在应用程序服务器与其客户端之间来回传递的信息不仅仅局限于简单的显示标记。相反，这种信息就是程序逻辑（商业逻辑）。正是通过这种逻辑取得了数据和方法调用而不是静态 HTML，所以客户端才可以随心所欲地使用这种被暴露的商业逻辑。

在大多数情形下，应用程序服务器是通过组件的应用程序接口（API）处理商业逻辑的，例如基于 J2EE（Java 2 Platform, Enterprise Edition）应用程序服务器的 EJB（Enterprise JavaBean）组件模型。此外，应用程序服务器可以管理自己的资源，如安全（security）、事务处理（transaction processing）、资源池（resource pooling）和消息（messaging），同时应用程序服务器还配置了多种可扩展（scalability）和容错（fault tolerance）技术。

2. 常见的 WEB 服务器和应用服务器

1）Microsoft IIS

Microsoft 的 Web 服务器产品为 Internet Information Server（IIS），IIS 是允许在公共互联网和局域网上发布信息的 Web 服务器。IIS 是目前最流行的 Web 服务器产品之一，很多著名的网站都是建立在 IIS 的平台上。IIS 提供了一个图形界面的管理工具，称为 Internet 服务管理器，可用于监视配置和控制 Internet 服务。

IIS 是一种 Web 服务组件,其中包括 Web 服务器、FTP 服务器、NNTP 服务器和 SMTP 服务器,分别用于网页浏览、文件传输、新闻服务和邮件发送等,它使得在网络(包括互联网和局域网)上发布信息成了一件很容易的事。它提供 ISAPI(Intranet Server API)作为扩展 Web 服务器功能的编程接口;同时,它还提供一个 Internet 数据库连接器,可以实现对数据库的查询和更新。

2) BEA WebLogic Server

BEA WebLogic Server 是一种多功能、基于标准的 Web 应用服务器,为企业构建自己的应用提供了坚实的基础。由于它具有全面的功能、对开放标准的遵从性、多层架构、支持基于组件的开发,基于 Internet 的企业都选择它来开发、部署最佳的应用。

BEA WebLogic Server 在使应用服务器成为企业应用架构的基础方面处于领先地位。BEA WebLogic Server 为构建集成化的企业级应用提供了稳固的基础,它们以 Internet 的容量和速度,在联网的企业之间共享信息、提交服务,实现协作自动化。BEA WebLogic Server 遵从 J2EE、面向服务的架构,以及丰富的工具集支持,便于实现业务逻辑、数据和表达的分离,提供开发和部署各种业务驱动应用所必需的底层核心功能。

3) Apache

Apache 源于 NCSAhttpd 服务器,经过多次修改,成为世界上流行的 Web 服务器软件。Apache 是自由软件,所以不断有人来为它开发新的功能、新的特性、修改原来的缺陷。Apache 的特点是简单、速度快、性能稳定,并可作为代理服务器来使用。本来它只用于小型或试验 Internet 网络,后来逐步扩充到各种 UNIX 系统中,尤其对 Linux 的支持相当完美。

Apache 是以进程为基础的结构,进程要比线程消耗更多的系统开支,不太适合于多处理器环境,因此,在一个 Apache Web 站点扩容时,通常是增加服务器或扩充群集节点而不是增加处理器。到目前为止,Apache 仍然是世界上用得最多的 Web 服务器,它的成功之处主要在于它的源代码开放、有一支开放的开发队伍、支持跨平台的应用(可以运行在大部分 Unix、Windows、Linux 系统平台上)以及它的可移植性等方面。

4) Tomcat

Tomcat 是一个开放源代码、运行 servlet 和 JSP Web 应用软件的基于 Java 的 Web 应用软件容器。Tomcat 是根据 servlet 和 JSP 规范进行执行的,因此可以说 Tomcat 也实行了 Apache-Jakarta 规范且比绝大多数商业应用软件服务器要好。

Tomcat 是 Java Servlet 2.2 和 JavaServer Pages 1.1 技术的标准实现,是基于 Apache 许可证下开发的自由软件。Tomcat 是完全重写的 Servlet API 2.2 和 JSP 1.1 兼容的 Servlet/JSP 容器。Tomcat 使用了 JServ 的一些代码,特别是 Apache 服务适配器。随着 Catalina Servlet 引擎的出现,Tomcat 第四版的性能得到提升,使它成为一个值得考虑的 Servlet/JSP 容器,因此目前许多 Web 服务器都是采用 Tomcat。

5.2.2　Web 服务器端动态页面技术

1. CGI

公共网关接口(Common Gateway Interface,CGI)定义了 Web 服务器与外部程序间通信的标准,使外部程序能够生成 HTML 文档和图像。这样,浏览器的 HTML 页面就能通过 CGI 同 Web 服务器进行动态交互。CGI 开发简单、投入低,但性能不佳。

2. API

应用程序接口(Application Programming Interface,API)允许第三方软件开发者以标准方式编写处理请求与返回动态内容的程序。与 CGI 不同,API 程序保持装入 Web 服务器的地址空间,因此运行效率大大优于 CGI,但其开发困难、程序也不够健壮。

3. ASP

ASP 是微软 1996 年推出的进行动态、交互和高性能 Web 页面开发的技术。它适用于微软的 Windows 服务器平台,与 IIS Web 服务器紧密集成,采用 VBSCript 编写程序。ASP 通过扩展名为. asp 的 ASP 文件来实现。这些. asp 文件位于 Web 服务器的文件目录下,当浏览器向 Web 服务器发出. asp 文件请求时,Web 服务器解释执行 ASP 脚本,然后动态生成一个 HTML 页面发送给浏览器。

4. PHP

PHP 是运行于 Web 服务器端、内嵌于 HTML 中用来实现动态 Web 页面的脚本语言。其源代码开放并且可以免费获得。它可以运行在 Windows、Unix 和 Linux 多种操作系统平台上,支持 IIS、Apache 等多种 Web 服务器。

5. Servlet

Servlet 是 SUN 公司推出的运行在 Web 服务器端、扩展 Web 服务器功能的软件,其模式类似于 CGI,但 Servlet 内部以线程方式提供服务,执行效率比 CGI 高。同时,编写 Servlet 的是 Java 语言,所以 Servlet 具有平台无关性。

6. JSP

JSP 是 SUN 公司推出的动态页面开发技术。与 ASP 相似,它是一个技术框架,能够生成动态的、交互的和高性能的 Web 服务器端应用程序。JSP 使用 Java 语言,提供了在 HTML 中混合程序代码并由语言引擎解释执行程序代码的能力,程序代码先被编译成 Servlet,然后由 Java 虚拟机执行,这种编译操作仅在对 JSP 页面的第一次请求时发生。JSP 页面文件的扩展名是. jsp。当 Web 服务器和 JSP 引擎遇到访问 JSP 页面的请求时,JSP 引擎将请求对象发送给服务器端的组件,然后由服务器端组件处理这些请求,服务器端组件再将响应对象返回 JSP 引擎。JSP 引擎将响应对象传递给 JSP 页面,根据 JSP 页面的 HTML 格式完成数据编排,最后 Web 服务器和 JSP 引擎将格式化后的 JSP 页面返回浏览器。

5.2.3 数据库设计技术

1. 数据库设计

简单地说就是规划和结构化数据库中数据对象以及这些对象之间关系的过程。良好的数据设计能够节省数据库的存储空间,保证数据的完整性,方便进行数据库应用系统的开发。

目前,设计数据库系统主要采用的是以逻辑数据库设计和物理数据库设计为核心的规范设计方法。其中,逻辑数据库设计是根据用户要求和特定数据库管理系统的具体特点,以数据库设计理论为依据,设计数据库的全局逻辑结构和每个用户的局部逻辑结构。物理数据库设计是在逻辑结构确定之后,设计数据库的存储结构及其他实现细节。

逻辑设计阶段的主要任务是与相关人员一起,分析了解系统的功能需求。找出计划要存储有关事物的信息和确定这些事物之间的相互关系,并用实体-关系图(E-R图)表示出来。

要存储其相关信息的可识别对象或事物称为实体。它们之间的关联称为关系。在数据库描述语言中,可以将实体看作名词,将关系看作动词。

由于此方法对实体和关系进行了明确的区分,因此这种模型非常有用。这种模型将在任何特定数据库管理系统中实施设计所涉及的细节隐藏起来,从而使设计者可以集中考虑基础数据库结构。因此,这种模型成为一种用于讨论数据库设计的通用语言。

2. E-R图及关系模型转化

在E-R图中,实体型用矩形表示,矩形框内写明实体名;属性用椭圆形表示,并用无向边将其与相应的实体型连接起来;联系用菱形表示,框内写明联系名,并用无向边分别与有关的实体型连接起来,同时在无向边旁标上联系的类型,联系也可以具有属性;为了简化E-R图,现实世界的事物能作为属性对待的尽量作为属性对待。

E-R图向关系模型的转换就是将实体型、实体的属性和实体型之间的联系转换为关系模式。对于实体型,将每个实体型转换成一个关系模式,关系的属性就是实体的属性,关系的码就是实体的码。

对于联系,根据实体间不同的联系方式,分为以下三种情况。

(1) 一个1:1联系可以转换为一个独立的关系模式,也可以与任意一端对应的关系模式合并,即在该关系模式的属性中加入另一个关系模式的码和联系本身的属性。

(2) 一个1:n联系可以转换为一个独立的关系模式,也可以与n端对应的关系模式合并,即在n端的关系模式的属性中加入另一个关系模式的码和联系本身的属性。

(3) 一个$m:n$联系转换为一个关系模式,该关系模式的属性包括与该联系相连的各实体的码以及联系本身的属性。

3. 学生运动会信息管理系统设计案例

假设要建立有若干个班级、每班有若干运动员、运动会有若干比赛项目,同时能公布每个比赛项目的运动员名次与成绩,并能够公布各个班级团体总分的名次和成绩的基于Web的学生运动会信息管理系统。

按照前面数据库设计方法,它的设计如图5-14所示。

将上述E-R图转换成的关系模型,如下所示。

班级(班级号,班级名,专业,人数)主键:班级号

运动员(运动员号,姓名,性别,年龄,班级号)主键:运动员号 外键:班级号

项目(项目号,项目名,比赛地点)主键:项目号

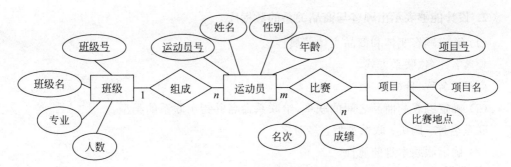

图 5-14 运动会信息 E-R 图

比赛(运动员号,项目号,成绩,名次,得分) 主键:运动员号,项目号 外键:运动员号;项目号

实训

数据库的逻辑设计

【实训目的】

(1) 熟悉 E-R 模型的基本概念和图形的表示方法。

(2) 掌握将现实世界的事物转化成 E-R 图的基本技巧。

(3) 掌握将 E-R 图转化成关系表的基本技巧。

【知识点】

(1) 掌握实体、属性、联系的现实意义,并学会在具体问题中识别。

(2) 熟悉关系数据模型的基本概念。

【实训准备】

Word 或 Visio 软件。

【实训步骤】

1. 设计能够表示出班级与学生关系的数据库

(1) 确定班级实体和学生实体的属性。

班级:班级号、名称

学生:学号、姓名

(2) 确定班级和学生之间的联系,给联系命名并指出联系的类型。

联系名称:属于;联系类型:1 对多

(3) 确定联系本身的属性。

无

(4) 画出班级与学生关系的 E-R 图,如图 5-15 所示。

(5) 将 E-R 图转化为表,写出表的关系模式并标明各自的主码或外码。

班级(班级号,名称)

学生(学号,姓名)

属于(班级号,学号)

2. 设计能够表示出顾客与商品关系的数据库

(1) 确定顾客实体和商品实体的属性。

顾客：姓名、联系方式

商品：名称、价格

(2) 确定顾客和商品之间的联系，给联系命名并指出联系的类型。

联系名称：购买；联系类型：多对多

(3) 确定联系本身的属性。

无

(4) 画出顾客与商品关系的 E-R 图，如图 5-16 所示。

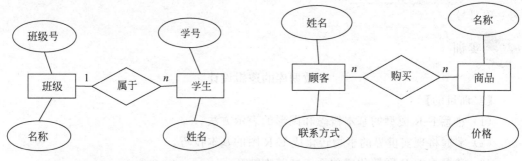

图 5-15　班级与学生 E-R 图　　　　　　图 5-16　顾客与商品 E-R 图

(5) 将 E-R 图转化为表，写出表的关系模式并标明各自的主码或外码。

顾客(姓名,联系方式)

商品(价格,名称)

购买(价格,联系方式)

3. 设计能够表示出房地产交易中客户、业务员和合同三者之间关系的数据库

(1) 确定客户实体、业务员实体和合同实体的属性。

客户：姓名、联系方式

业务员：姓名、编号

合同：类型、名称

(2) 确定客户、业务员和合同三者之间的联系，给联系命名并指出联系的类型。

联系名称：接待、签订

联系类型：1 对多、1 对 1

(3) 确定联系本身的属性(接待)(签订)。

接待,签订

(4) 画出客户、业务员和合同三者关系 E-R 图，如图 5-17 所示。

(5) 将 E-R 图转化为表，写出表的关系模式并标明各自的主码或外码。

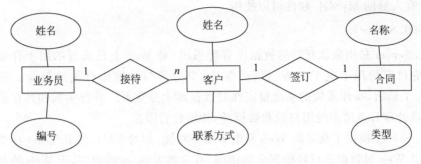

图 5-17　业务员、客户、合同 E-R 图

业务员(编号,姓名)

合同(名称,类型,联系方式)

客户(联系方式,姓名,编号)

5.2.4　常见的数据库管理系统

1. 数据库管理系统的功能

数据库管理系统是由建立、管理和维护数据库的一组程序组成的复杂软件系统,其主要功能如下。

(1) 定义数据库。包括定义数据的整体逻辑结构(模式)、局部逻辑结构(外模式)、存储结构(内模式)。

(2) 管理数据库。包括控制数据库系统的运行,控制用户的并发性访问,执行对数据库的安全性、保密性和完整性检验,实施对数据的检索、插入、删除和修改等操作。

(3) 维护数据库。包括初始时装入数据库,运行时记录工作日志、监控数据库性能、在性能变坏时修改和更新数据库,在系统软件发生变化时修改和更新数据库,在软件系统出现故障时恢复数据库。

(4) 数据通信。负责数据传输工作,通常与操作系统协同完成。此外,实现分时系统和远程作业输入的接口。

2. MySQL

MySQL 是最受欢迎的开源 SQL 数据库管理系统,它由 MySQL AB 开发、发布和支持。MySQL AB 是一家基于 MySQL 开发人员的商业公司,它是一家使用了一种成功的商业模式结合开源价值和方法论的第二代开源公司。MySQL 是 MySQL AB 的注册商标。

MySQL 是一个快速的、多线程、多用户和健壮的 SQL 数据库服务器。MySQL 服务器支持关键任务、重负载生产系统的使用,也可以将它嵌入到一个大配置的软件中去。

与其他数据库管理系统相比,MySQL 具有以下优势。

(1) MySQL 是一个关系数据库管理系统。

(2) MySQL 是开源的。

(3) MySQL 服务器是一个快速的、可靠的和易于使用的数据库服务器。

(4) MySQL 服务器工作在客户机/服务器或嵌入系统中。

（5）有大量的 MySQL 软件可以使用。

3. SQL Server

SQL Server 是由微软开发的数据库管理系统，是 Web 上最流行的用于存储数据的数据库，它已广泛用于电子商务、银行、保险、电力等与数据库有关的行业。它只能在 Windows 上运行，操作系统的系统稳定性对数据库十分重要。并行实施和共存模型并不成熟，很难处理日益增多的用户数和数据卷，伸缩性有限。

SQL Server 提供了众多的 Web 和电子商务功能，如对 XML 和 Internet 标准的丰富支持，通过 Web 对数据进行轻松安全的访问，具有强大的、灵活的、基于 Web 的和安全的应用程序管理等。由于其易操作性及其友好的操作界面，深受广大用户的喜爱。

4. Oracle

Oracle（甲骨文）公司成立于 1977 年，最初是一家专门开发数据库的公司。Oracle 在数据库领域一直处于领先地位。1984 年，首先将关系数据库转到了 PC 上。Oracle5 率先推出了分布式数据、客户机/服务器结构等崭新的概念。Oracle 6 首创行锁定模式以及对称多处理计算机的支持，Oracle 8 主要增加了对象技术，成为关系-对象数据库系统。目前，Oracle 产品覆盖了大、中、小型机等几十种机型，Oracle 数据库成为世界上使用最广泛的关系数据系统之一。

Oracle 数据库产品具有以下优良特性。

1）兼容性

Oracle 产品采用标准 SQL，并经过美国国家标准技术所（NIST）测试。与 IBM SQL/DS、DB2、INGRES、IDMS/R 等兼容。

2）可移植性

Oracle 的产品可运行于很宽范围的硬件与操作系统平台上，可以安装在 70 种以上不同的大、中、小型机上，可在 VMS、DOS、UNIX、Windows 等多种操作系统下工作。

3）可联结性

Oracle 能与多种通信网络相连，支持各种协议（TCP/IP、DECnet、LU6.2 等）。

4）高生产率

Oracle 产品提供了多种开发工具，能极大地方便用户进行进一步的开发。

5）开放性

Oracle 良好的兼容性、可移植性、可连接性和高生产率使其具有良好的开放性。

5.2.5 数据库的连接方式

1. ODBC 数据库接口

ODBC 即开放式数据库互联（Open Database Connectivity），是微软公司推出的一种实现应用程序和关系数据库之间通信的接口标准。符合标准的数据库就可以通过 SQL 语言编写的命令对数据库进行操作，但只针对关系数据库。目前所有的关系数据库都符合该标准（如 SQL Server、Oracle、Access、Excel 等）。ODBC 本质上是一组数据库访问 API（应用程序编程接口），由一组函数调用组成，核心是 SQL 语句，其结构如图 5-18 所示。

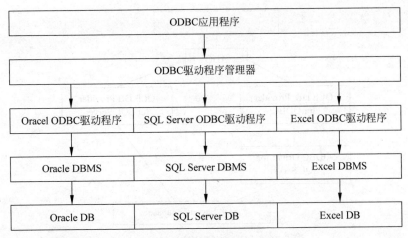

图 5-18 ODBC 数据库接口

2. OLE DB 数据库接口

OLE DB 即数据库链接和嵌入对象(Object Linking and Embedding DataBase)。OLE DB 是微软提出的基于 COM 思想且面向对象的一种技术标准,目的是提供一种统一的数据访问接口访问各种数据源,这里所说的"数据"除了标准的关系型数据库中的数据之外,还包括邮件数据、Web 上的文本或图形、目录服务(Directory Services)、主机系统中的文件和地理数据以及自定义业务对象等。OLE DB 标准的核心内容就是提供一种相同的访问接口,使数据的使用者(应用程序)可以使用同样的方法访问各种数据,而不用考虑数据的具体存储地点、格式或类型,其结构图如图 5-19 所示。

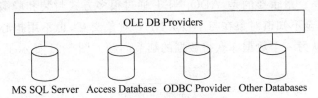

图 5-19 OLE DB 数据库接口

3. ADO 数据库接口

ADO(ActiveX Data Objects)是微软公司开发的基于 COM 的数据库应用程序接口,通过 ADO 连接数据库,可以灵活地操作数据库中的数据。

图 5-20 展示了应用程序通过 ADO 访问 SQL Server 数据库接口。从图中可看出,使用 ADO 访问 SQL Server 数据库有两种途径:一种是通过 ODBC 驱动程序,另一种是通过 SQL Server 专用的 OLE DB Provider,后者有更高的访问效率。

4. ADO.NET 数据库接口

ASP.NET 使用 ADO.NET 数据模型。该模型从 ADO 发展而来,但它不只是对 ADO 的改进,而是采用了一种全新的技术。主要表现在以下几个方面。

(1) ADO.NET 不是采用 ActiveX 技术,而是与.NET 框架紧密结合的产物。

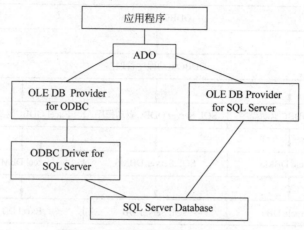

图 5-20　ADO 访问 SQLServer 的接口

（2）ADO.NET 包含对 XML 标准的完全支持,这对于跨平台交换数据具有重要的意义。

（3）ADO.NET 既能在与数据源连接的环境下工作,又能在断开与数据源连接的条件下工作。特别是后者,非常适合于网络应用的需要。因为在网络环境下,保持与数据源连接,不符合网站的要求,不仅效率低,付出的代价也高,而且常常会引发由于多个用户同时访问带来的冲突。因此 ADO.NET 系统集中主要精力解决在断开与数据源连接的条件下数据处理的问题。

ADO.NET 提供了面向对象的数据库视图,并且在 ADO.NET 对象中封装了许多数据库属性和关系。最重要的是,ADO.NET 通过很多方式封装和隐藏了很多数据库访问的细节,可以完全不知道对象在与 ADO.NET 对象交互,也不用担心数据移动到另外一个数据库或者从另一个数据库获得数据的细节问题。图 5-21 显示了 ADO.NET 架构总览。

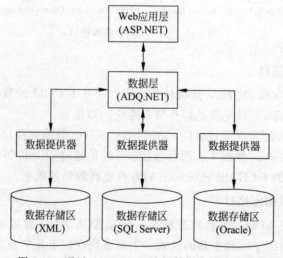

图 5-21　通过 ADO.NET 访问数据库的接口模型

5. JDBC 数据库接口

JDBC(Java Data Base Connectivity)是 Java Soft 公司开发的,它是一组 Java 语言编写的用于数据库连接和操作的类和接口,可为多种关系数据库提供统一的访问方式。通过 JDBC 完成对数据库的访问包括 4 个主要组件:Java 应用程序、JDBC 驱动器管理器、驱动器和数据源,如图 5-22 所示。

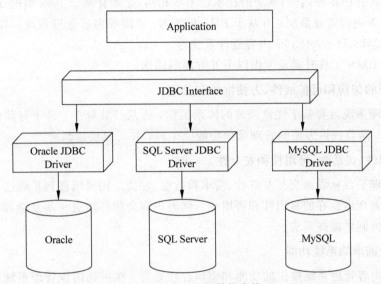

图 5-22　JDBC 访问数据库接口

在 JDBC 的 API 中有两层接口:应用程序层和驱动程序层,前者使开发人员可以通过 SQL 调用数据库和取得结果,后者处理与具体数据库驱动程序的所有通信。

使用 JDBC 接口对数据库操作有如下优点。

(1) JDBC 的 API 与 ODBC 十分相似,有利于用户理解。

(2) 使编程人员从复杂的驱动器调用命令和函数中解脱出来,而致力于应用程序功能的实现。

(3) JDBC 支持不同的关系数据库,增强了程序的可移植性。

使用 JDBC 的主要缺点:访问数据记录的速度会受到一定影响,此外,由于 JDBC 结构中包含了不同厂家的产品,这给数据源的更改带来了较大麻烦。

5.3 建站工具

5.3.1 建站工具概述

使用动态网页设计工具需要具备一定的专业知识和技能。为了方便动态网页的制作,有些软件开发公司开发了建站工具,用于处理需求相同的标准业务流程,使用这类工具可以快速地开发网站,甚至可以让不会动态网页制作技术和数据库设计的人创建简单的网站。

建站工具也被称为内容管理系统(Content Management System,CMS)。它采用数据库技术,把数据库中的信息按照规则预先自动生成 HTML 页面,或者利用动态网页生成技术,在实时交互的过程中动态产生网页。

CMS 包括信息采集、整理、分类、审核、发布和管理的全过程,具备完善的信息管理和发布管理功能。利用 CMS,可以随时方便地提交发布的信息而无须掌握复杂的技术。

建站工具有很多种,它们基于的技术也不尽相同,比如有基于 Java 类的 TurboCMS、TubroECM 等内容管理系统;有基于 PHP 的织梦、帝国等内容管理系统;有基于.NET 的 Kooboo CMS、DotNetNuke 内容管理系统等。

在选择 CMS 工具时需要考虑以下五方面的因素。

1. 良好的架构和可扩展性,方便维护和管理

内容管理系统需要基于优良强健的体系架构,遵从开放标准,易于与其他应用集成和扩展功能,需要提供方便的管理维护功能或工具,并可以快速部署。

2. 易用性、灵活性、可用性和安全性

内容管理平台从界面交互友好性、需求符合度、功能应用灵活性到扩展选件的多样化等方面需要表现出良好的易用性和可用性。随着内容应用环境进一步复杂和开放,对系统安全保障机制要提高要求。

3. 符合需求的系统功能

不同的内容管理系统提供的功能和模块存在差异,在挑选内容管理系统时,可能会因为某项特殊的需求而必须使用某套系统,或对于同样功能的 CMS,但其运作方式相差甚大,需要从中挑选出合适的 CMS。

4. 表现和内容分离,用户体验和内容质量的和谐统一

与系统管理和内容业务分离类似,内容表现和内容本身需要尽可能独立:无须内容生产人员关注过多的内容表现形式的制作,同时,页面设计和内容创建应当符合设计人员和编辑人员的工作习惯,支持专业设计工具,提供符合常用操作习惯的易用的工作界面,使工作人员和最终用户均获得满意的用户体验,保证提供与完美表现相结合的高质量内容。

5. 系统总拥有成本低和高价值导向

内容管理产品是一个具有平台性概念的开放产品,面向快速部署和灵活扩展,保证系统整体的高效率和灵活性,降低总拥有成本。在挑选内容管理系统时,需要考虑到系统相关的成本费用,包括授权费、服务费、二次开发费等。

5.3.2　常用工具推荐

1. 门户网站 DedeCMS

织梦内容管理系统(DedeCMS)是使用 PHP 语言开发的建站平台,以简单、实用、开源而闻名,是国内知名的 PHP 开源网站管理系统,用它可以建站的类型很多,如地方门户、行业门户、政府及企事业站点等。

2. 企业网站 YIQIcms

YIQIcms 是国内首款完全基于 SEO 友好性开发的营销型企业网站系统,这里的 CMS 系统更适合建立企业网站。其程序特征:①100%开放源代码,免费开源;②后台管理操作简单易行;③模板 DIV+CSS 标准设计,符合 W3C 标准,兼容主流浏览器;④开发语言和数据库为 PHP+MySQL。

3. 个人网站 WordPress

WordPress 是一种使用 PHP 语言开发的博客平台,用户可以在支持 PHP 和 MySQL 数据库的服务器上架设自己的网志,也可以把 WordPress 当作一个内容管理系统来使用。PHP 5.2.4 或更新版本、MySQL 5.0 或更新版本、Apache mod_rewrite 模块是其对硬件的要求。

WordPress 的优点主要是易用、符合 SEO 要求、强大的模板插件支持,还有一点就是,WordPress 作为现在主流的博客建站软件,有大量的粉丝支持及经验分享,在使用该 CMS 系统建立网站时,任何问题都可以在网络上查询到相应的解决办法。如果要建立个人网站,例如博客等,只需一款简单的 CMS 软件,例如 Zblog. Z-Blog,它是由 RainbowSoft Studio 开发的一款小巧而强大的基于 ASP 平台的 Blog 程序。对硬件的要求只要是支持 ASP 和 Access 即可。

4. 论坛 Discuz

Crossday Discuz! Board(简称 Discuz)是一套通用的社区论坛软件系统,是全球成熟度最高、覆盖率最大的论坛软件系统之一。Discuz 更多的是和其他开源系统组合,作为网站和用户交流的一个论坛建站软件。

本章小结

本章主要介绍静态、动态网站中使用的主要技术。要求了解静态网站使用的程序设计语言、布局、色彩使用、系统结构等的相关技术和特点。要求了解动态网站的系统结构、后台数据库设计及数据库访问技术,会选择建站工具用于处理标准业务流程。

本章习题

(1) 简述 HTTP 服务器和应用服务器的区别,并分别介绍你熟知的一个产品。
(2) 简述 E-R 图,并对一仓库管理系统进行 E-R 图设计。
(3) 简述常见的数据库管理系统。
(4) 介绍常见的建站工具在业务处理上的特点。
(5) 静态网站在布局、色彩上有什么特点?

第 6 章

建站工具的使用方法

学习目标

➤ 了解根据需求如何选择 CMS 及 CMS 建站流程。
➤ 掌握 Kooboo CMS 的安装和使用方法。

随着网络技术的不断发展和普及,越来越多的企业和用户通过网络来互相增进了解或实现商务交易。大多数企业自己没有技术力量去实现网站的建设,而网站大多具有相同或相似的系统架构,业务需求相似。在这种背景下,国内外就应时出现了减轻技术人员劳动强度的 CMS 系统,即 Content Management System,CMS 系统是一种适用于小型网站建站的手段,具有使用简便、建设速度快、管理方便等优点。

6.1 建站工具使用概要

1. 建站工具的选择

CMS 系统种类繁多,技术层面和内容实现各不相同,没有统一的通用开发平台。用户在实际选择中,要根据自身的网站内容和技术水平有针对性地进行选择。

1) 考虑网站的内容

不同网站其内容定义是各不相同的,一般情况下,CMS 具有不同的业务处理能力。常见的有新闻管理系统模型、文章系统模型、分类信息系统模型、商城系统模型、图片系统模型、下载系统模型、Flash 系统模型和电影系统模型等,基本上能够满足市场上大多数用户的需求。因此 CMS 使用者要有针对性地选择能实现与自己原来网站定义内容相近的系统。

2) 内容实现的技术手段是否便捷

这里所说的技术手段,主要包括模板制作、字段/函数定义、内容采集、用户功能定义等,目前有些 CMS 做得比较简单,像动易 SiteWeaver 等;有些比较复杂但可扩充性强,像动易 SiteFactory、CMSware 等。需要根据自己的技术水平来考虑,各个 CMS 系统在其官方基本都有 Demo 和免费版试用版,建议在具体使用前多试用。

3)技术支持和售后服务

在实际的使用中,可能会遇到较难解决的问题,那么就要考量该系统的技术支持能力,无论是免费版还是商业版,都会有官方的讨论区进行相关问题的解答,要多观察和考虑,有些具备一定数据基础或有长远发展规划的用户往往会考虑购买更为全面的商业版。在购买之前,要对官方的承诺仔细研读,如果有可能,应与其商业客户进行交流。货比三家,在选择之前一定要三思而后行。

2. 建站过程要点

1)仔细阅读开发手册和产品说明

成熟的 CMS 系统都具备了详尽的开发手册、说明、Q&A 等文档,建议在使用之前,详细地阅读这些资料。当然,不阅读可能并不影响用户的使用,但是阅读这些资料可以让用户自行解决许多基本问题,少走许多弯路。而且阅读这些资料所花的时间与你不阅读就去解决问题所花的时间相比,实在是太少了,那么何必浪费宝贵的时间呢? 当然阅读并理解这些资料需要用户具备一定的网站运行与设计知识。绝大部分的 CMS 系统往往依赖于一定的技术系统,比如 ASP+Access 或 SQL Server、PHP+MySQL 以及服务器架构和运行理论基础。

2)浏览 CMS 的 Demo 或重要客户的网站

绝大多数的 CMS 系统都有 Demo,那里有官方优化的配置和通用的模板,如果用户一筹莫展,可以去那里学习参考。浏览重要客户的网站也是一种迅速上手的手段,虽然没有办法接触到它的后台,但是前台的定义也能给用户一定的启发。

3)制订详细的内容规则

在具备了基本的使用知识后,应该更进一步考虑使用的规则,或者说计划。比如:安装系统—分析系统数据库结构确定表与字段—导入数据—制作模板—添加分类—定义采集规则—添加内容。每一步都应该事先考虑好,这些事情很烦琐而且需要反复测试。但是制订一份自己适用的规则可以减少许多不必要的麻烦。

4)向用户征求使用意见

CMS 系统正确安装使用后,还需要进行一定的用户测试,比如功能测试、模板定义、链接有效性等,就好像是内测之后的公测。这期间一定会遇到许多问题,虽然有些看上去与 CMS 系统本身没有关系,但它可能影响到这个系统的满意度。网站毕竟是公共场合,要考虑到每一个细节问题。

6.2 Kooboo CMS 的安装

建站工具有很多种,这里选取 Kooboo CMS 软件进行网站的设计。本书第 1 章已经介绍了这款软件的特点,这里不再多讲。下面将首先介绍 Kooboo CMS 的安装方法。

多数情况下,建站工具本身就是一个设计好的网站,所谓的安装,就是将这个设计好的网站在本地进行部署,然后进行相应的配置即可。Kooboo CMS 就属于这类的建站工具。

 **实训 6-1**

通过架设站点方式安装 Kooboo CMS

【实训目的】

掌握在 IIS 中安装 Kooboo CMS 的方法。

【知识点】

Kooboo CMS 本身就是一个网站,采用架设站点的方式安装 Kooboo CMS 本质上就是将网站布置到服务器上。

【实训准备】

(1) 操作系统:Microsoft 的 Windows 操作系统。

(2) Web 服务器:安装 IIS 6 以上的版本。

(3) .NET Framework:安装 .NET Framework 4。

(4) 安装者身份:具有管理员权限的用户。

【实训步骤】

本例以在 IIS 8 安装为例进行说明,使用 IIS 其他版本的读者可参考官方网站的相应说明。

(1) 从 http://kooboo.codeplex.com 下载最新版本的 Kooboo_CMS 安装包解压到 C:\Kooboo_CMS。

(2) 打开 IIS 8 控制台,创建一个应用程序池。.NET Framework 版本选择".NET Framework v4.0.30319",托管管道模式选择"集成"模式,命名为 Kooboo_CMS pool,如图 6-1 所示。

(3) 在 IIS 8 控制台,创建一个新站点。站点目录指向 C:\Kooboo_CMS,应用程序池使用刚刚创建的 Kooboo_CMS pool,如图 6-2 所示。

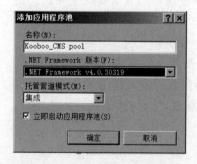

图 6-1　"添加应用程序池"对话框　　　图 6-2　创建 Kooboo 网站

(4) 设置站点的目录权限。Kooboo CMS 要求当前的站点运行用户具有对 Cms_Data 目录的读写权限。进入 C:\Kooboo_CMS 中,选择 Cms_Data 文件夹,打开这个文件夹的属性窗口,在"安全"属性窗口中,设置 Everyone 具有完全控件权限,如图 6-3 所示。

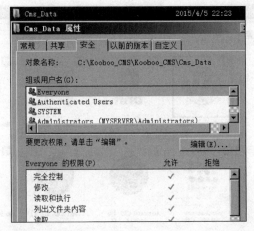

图 6-3 设置 Cms_Data 权限

(5) 此时,从 IIS 站点中运行这个网站即可进入 Kooboo CMS 软件。

**实训 6-2**

通过 Web Matrix 3 安装 Kooboo CMS

【实训目的】

掌握利用 Web Matrix 3 安装 Kooboo CMS 的方法。

【知识点】

Web Matrix 3 是微软公司提供的一个轻量级的、完全免费的网站开发、部署工具。它集成了许多知名的 CMS 建站软件,利用它可以方便地安装 Kooboo CMS 工具。

【实训准备】

(1) 操作系统:Microsoft 的 Windows 操作系统。

(2) Web 服务器:安装 IIS 6 以上的版本。

(3) .NET Framework:安装有 .NET Framework 4。

(4) Web Matrix 3 安装包。

(5) 安装者身份:具有管理员权限的用户。

【实训步骤】

(1) 下载安装 Web Matrix 3。可从 http://www.microsoft.com/web/webmatrix/ 下载安装 Web Matrix 3。安装 Web Matrix 3 会同时安装 SQL Server Compact、IIS 8 Express 和 .NET Framework 4。如果这些之前都没有安装过,Web Matrix 3 会自动进行安装,同时安装时间也会很长。

(2) 启动安装好的 Web Matrix 3 软件,选择"新建"→"应用程序库"菜单命令。用户在这里可选择多种 CMS 软件进行安装,如图 6-4 所示。

(3) 通过搜索 Kooboo 可以找到要安装的 Kooboo CMS,如图 6-5 所示。

(4) 选择 Kooboo CMS,按照向导单击"下一步"按钮进行安装即可,如图 6-6 所示。安装者同意 Kooboo CMS 的使用协议后安装才能顺利完成。

图 6-4　新建 Web Matrix 3 应用程序库

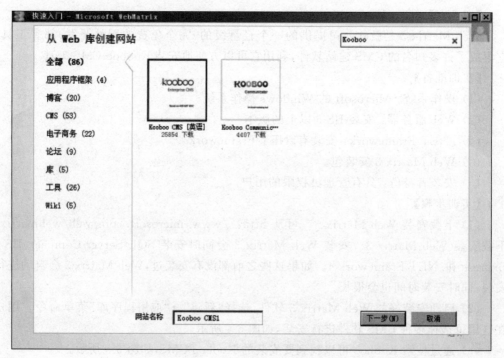

图 6-5　查找 Kooboo CMS

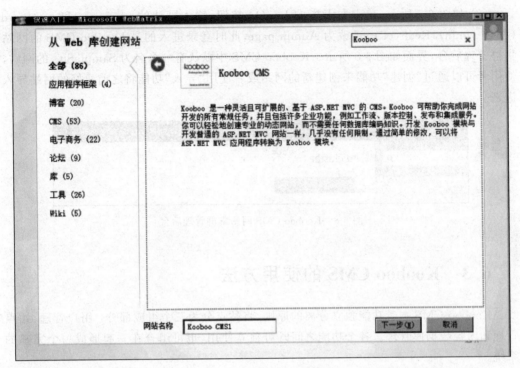

图 6-6　安装 Kooboo CMS

（5）安装过程会持续几分钟。安装过程中系统会自动安装 ASP. NET MVC 4.0 组件。

（6）安装成功后会在 Web Matrix 3 中显示一个名为 Kooboo CMS 的站点。可在 Visual Studio 中打开这个网站进行编程，也可以利用 Kooboo CMS 自身建立网站。

（7）如要利用 Kooboo CMS 自身创建网站，可在 Web Matrix 3 的 Kooboo CMS 网站 上右击，在弹出的快捷菜单中，选择"在浏览器中启动"命令，Kooboo CMS 会启动默认的 Sample Site 模板网站，如图 6-7 所示。

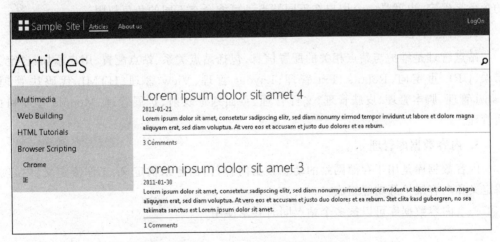

图 6-7　Kooboo CMS 启动界面

(8) 如图 6-7 所示,单击右上方的 LogOn 按钮,输入默认的 username 和 password (都是 admin),Redirect to 项改为 Admin page,此时登录进入的是 KooBoo CMS 的网站集群管理后台,界面如图 6-8 所示。Kooboo CMS 中默认有一个名为 SampleSite 的网站,使用者可以通过"创建"功能来创建新的网站或者使用"导入"功能将之前建好的网站导入进来。

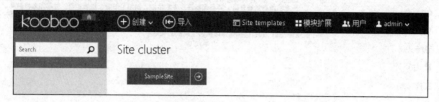

图 6-8　Kooboo CMS 网站集群管理后台

6.3　Kooboo CMS 的使用方法

Kooboo CMS 本着功能独立分离的原则,将站点分为三个组成部分:用户管理、站点管理和内容数据库管理。各个功能之间既可独立使用,也可组合在一起形成一个完整的系统。

1. 用户管理

用户管理是指可管理整个系统内的用户和角色权限定义。管理员通过用户管理模块管理用户的相关信息,包括用户名、密码、E-mail、是否为超级管理员以及界面语言。

其中,"是否为管理员"设置是标识该用户是否为系统的超级管理员。如果用户为超级管理员,则无须受角色限制而拥有系统的所有权限;"界面语言"设置可用于设置用户管理界面的显示语言。

"角色管理"用于定义角色所能操作的功能。

用户与角色的关系不在用户管理模块中设置。它们的关系通过站点添加用户时选择的角色来确定,也就是一个用户在不同站点下可能会有不同的角色权限。

2. 站点管理

站点管理是维护与站点相关的配置信息,包括站点关系、站点配置、用户添加、自定义错误、URL 重定向、Robots. Txt 管理、Layout 管理、View 管理、HTML 代码块管理、Label 管理、脚本管理、皮肤管理、文件管理、页面地址映射、扩展管理、Module 管理和页面管理。

3. 内容数据库管理

内容数据库是用于存储网站的动态数据内容,由内容结构定义、工作流定义、内容广播定义和内容维护等功能组成。

一个内容数据库可以被多个站点同时共享使用。

在学习 Kooboo CMS 的具体使用之前,读者应先进入 SampleSite 示例网站的内部,了解 Kooboo CMS 所创建网站的大致情况。在图 6-8 中,直接单击 SampleSite 网站的名称,就可进入这个网站的编辑模式,如图 6-9 所示。

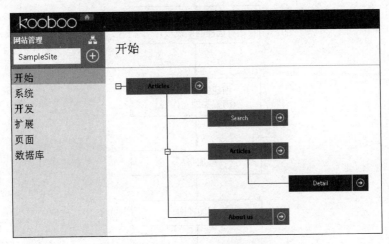

图 6-9 SampleSite 示例网站

如图 6-9 所示,最上方 Kooboo 文字右侧的 ▢ 图标是进入 Kooboo CMS 的网站集群管理后台的按钮,在任何情况下,都可以通过单击这个图标回到如图 6-8 所示的网站集群管理后台。

图 6-9 下方被分为左、右两个版块。左侧是网站管理菜单,右侧显示的是当选中左侧某项菜单后该菜单所对应的设置项。图 6-9 右侧显示的是 SampleSite 示例网站的"开始"菜单项,这个菜单项将显示网站的页面层次结构,在这里可以编辑任意一个页面的内容。

如图 6-10 所示,列出了 Kooboo CMS 除"开始"之外的其他所有菜单项("系统""开发""扩展""页面"和"数据库")的具体详细项目。

▽系统	开发	▽扩展	▽数据库
设置	布局	插件	开始
网站用户	▷视图	模块扩展	设置
自定义错误	标签	▽页面	▷查找
URL重定向	脚本	Search	内容类型
Robots.txt	▷主题	▷Articles	▷内容
系统诊断	Custom files	About us	媒体
	页面映射		HTML块

图 6-10 管理菜单

初学者可先按下面的建站流程进行学习和实践,然后再结合需求进行深入的研究和探索。

利用 Kooboo CMS 建站的流程,如图 6-11 所示。

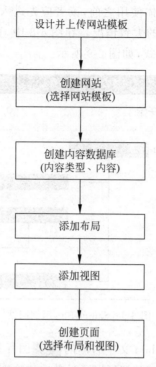

图 6-11　利用 Kooboo CMS 创建网站的流程

6.3.1　设计并上传网站模板

网站模板（Site Template）用于定义 Kooboo CMS 所建网站的风格以及色彩搭配等内容。在 Kooboo CMS 中可使用现成的模板文件或者自制模板文件。这个网站模板可按照 Kooboo CMS 的网站模板开发要求进行制作，然后压缩成 ZIP 格式的文件，存放到 Kooboo CMS 能够访问的磁盘中，然后单击 Site templates，此时左侧的"创建""导入"功能按钮不见了，而是变成了上传，如图 6-12 所示。

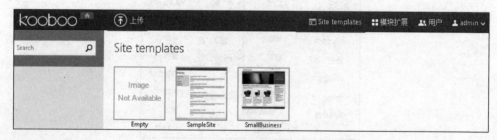

图 6-12　Kooboo CMS 网站模板上传步骤 1

此时单击"上传"按钮，在名称框中输入这个模板的名称（此处为 qinziys），在文件项中通过单击"选择文件"按钮选择要使用的网站模板文件，在 Thumbnail 项中通过单击"选择文件"按钮选择该模版对应的缩略图文件，如图 6-13 所示，然后单击"保存"按钮，网站模板上传完成，此时如图 6-14 所示，新模板已经出现在模板列表中。

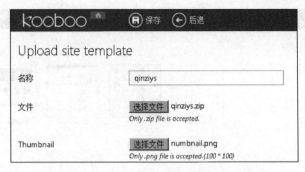

图 6-13　Kooboo CMS 网站模板上传步骤 2

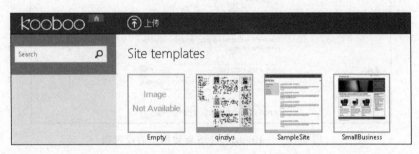

图 6-14　Kooboo CMS 模板上传成功

【小贴士】

缩略图是网站模板的示意图,在上传模板时也可空缺缩略图。如果没有选择缩略图,该模板上传后的效果就类似图 6-14 中的 Empty 模板。

6.3.2　创建网站

在网站集群管理后台,单击"创建"按钮,选择 A new site 创建新网站,此时如图 6-15 所示,要对新创建的网站进行设置。

（1）Template：已有的网站模板,这里选择上一步所上传的 qinziys 模板。

（2）名称：新网站的存储名称（这里输入 qinziys）。

（3）显示名称：在网站集群管理后台显示的网站名称,这里输入"亲子有声阅读交流网"。

（4）内容数据库：网站将要使用的数据库名称。这里可以选择其他网站所用的数据库,也可以新建数据库。这里新建数据库,名称为 qzdb。

（5）语言：Kooboo CMS 支持多语言,此处选择"中文（中华人民共和国）"。

（6）Time zone：时区,此处选择北京时间。

单击"保存"按钮,即创建了名为 qinziys 的网站,建好的网站将出现在网站集群管理后台的网站列表中,如图 6-16 所示。

图 6-15　Kooboo CMS 新建网站的设置项

图 6-16　利用 Kooboo CMS 新创建的网站

6.3.3　创建内容数据库

Kooboo CMS 使用的网站数据库称为内容数据库，默认采用 XML 存储方式。这种方式简单方便，但性能较差，不支持 SQL 统计语句。Kooboo CMS 还支持 SQLCe、SQL Server、MySQL 和 Mongo DB 数据库。Kooboo CMS 支持的数据库中，除了 XML 和 SQLCe 外，其他几个类型的数据库都需要进行配置。

这里以使用 SQL Server 数据库为例。从 www. kooboo. com 网站下载 content_providers. zip 并将其解压缩，将其中 SQL Server 文件夹中的两个文件复制到 Kooboo CMS 目录下的 bin 文件夹内，并按 ASP. NET 编程的要求正确修改 SqlServer. config 配置文件即可。这里需要注意一点，SqlServer. config 配置文件中所用到的 SQL Server 数据库要事先建立好，Kooboo CMS 会自动在 SQL Server 的数据库里创建表。

Kooboo CMS 的内容数据库包括文本内容（Text Content）和媒体内容（Media Content），文本内容的结构由文本内容结构类型（Content Type）负责定义，存储在文本内容目录（Text Folder）中。

因此,创建内容数据库分为两个步骤:第一步是创建内容类型,内容类型类似于数据库的表结构;第二步是创建内容,即相当于添加表的记录。

由于"亲子有声阅读交流网"的网站功能较多,涉及的表的情况也较复杂,这里仅以二手书交流板块内容的设计为例进行说明。

二手书交易主要涉及两张表,表结构如表 6-1 和表 6-2 所示。

表 6-1 图书类目(bookcategory)表

字段名称	控制类型	数据类型	描 述
category	TextBox	String	图书类目名称

表 6-2 图书(books)表

字段名称	控制类型	数据类型	描 述
title	TextBox	String	书名
author	TextBox	String	作者
pubhouse	TextBox	String	出版社
pic1	File	String	图书照片 1
pic2	File	String	图书照片 2
pic3	File	String	图书照片 3
pubdate	Date	Datetime	出版日期
prttime	Date	Datetime	印刷时间
edition	Int32	Int	版次
introduction	TextArea	String	内容简介
owner	TextBox	String	所有者
agingdegree	DropDownList	Decimal	新旧程度
price	Float	Decimal	定价
s_price	Float	Decimal	售价
category	TextBox	String	所属类目

下面介绍如何在 Kooboo CMS 的内容数据库中创建上述表。

1. 创建 bookcategory 的内容类型 s_bookcategory

在 qinziys 网站管理界面中,单击"数据库"→"内容类型",选择"创建"命令,如图 6-17 所示,在创建内容类别的文本框中输入 s_bookcategory,然后单击 Create field 按钮,添加字段。添加字段时需要设置下面的几项内容。

(1) 名称:字段名。

(2) 标签:字段的显示名。

(3) 控制类型:决定在录入数据时选择什么样的录入方式以及如何对数据做校验。

(4) 数据类型:字段的数据类型,有 String、Int、Decimal、Datetime 和 Bool 五种。

(5) 概述字段和内容列表:如果该字段的"概述字段"被勾选后,该字段会出现在内容项中;如果"内容列表"被勾选后,该字段会出现在内容详细页之中。

kooboo
保存
后退
创建内容类别: s_bookcategory
Tree style data
Create the tree style data and management interface.
Create field
名称
标签
Control type

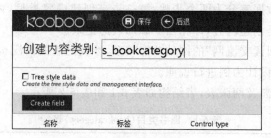

图 6-17　创建内容类别

s_bookcategory 中的字段 category 添加方法如图 6-18 所示。设置完成后,单击“保存”按钮即可。

基本
高级
验证
名称
category
Name of your field, it uses the same naming rule as C# veriable name.
标签
图书类目
Descriptive label of your field on the content editing page.
控制类型
TextBox
The way that you would like to input your content.
数据类型
String
默认值
概述字段
The Summary field will be used as a title or summary to describe your content item.
内容列表
Show this field in the CMS content list page.
保存
取消

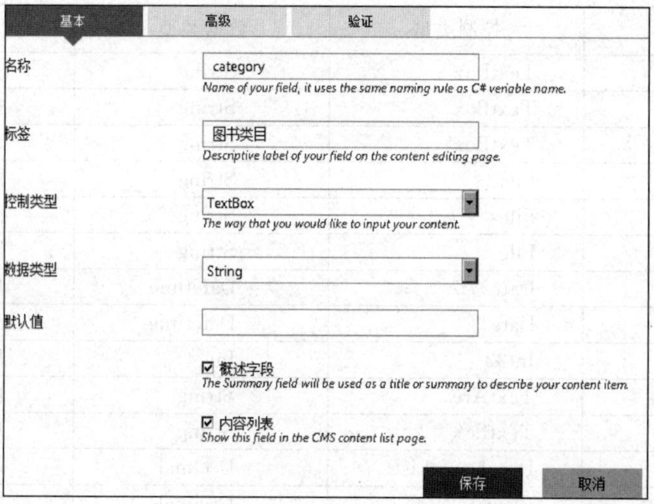

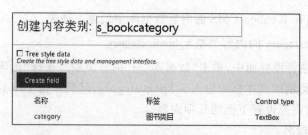

图 6-18　创建 category 字段

此时 bookcategory 表的内容结构(s_bookcategory)已经建好,如图 6-19 所示。

创建内容类别: s_bookcategory
Tree style data
Create the tree style data and management interface.
Create field
名称
标签
Control type
category
图书类目
TextBox

图 6-19　bookcategory 的内容结构 s_bookcategory

【小贴士】

Kooboo CMS 系统的内容结构内置了一些默认的系统字段,但是在定义内容结构时,系统并不限制定义的字段名称,使用的时候可以直接用。假如用户定义的字段名与系统字段相同时,则会自动将该字段的值存储在系统字段中。这些内置字段如表 6-3 所示。

表 6-3　Kooboo CMS 常见的系统内置字段

字 段 名	类 型	描 述
ID	String	对关系型会存储自增长 ID
Repository	String	内容数据库名称
FolderName	String	目录名称
UUID	String	内容的主键
UserKey	String	内容友好主键
UtcCreationDate	DateTime	创建时间
UtcLastModificationDate	DateTime	最后修改时候
Published	Nullable＜bool＞	发布状态
SchemaName	String	内容结构名称(Content type)
ParentFolder	String	父内容的目录名称
ParentUUID	String	父内容的主键
UserId	String	编辑用户

这些内置字段将在后来的网站设计开发中用到。

2. 创建 books 的内容类型 s_books

books 的内容类型 s_books 的创建方法与 bookcategory 类似,其创建好的结构如图 6-20 所示。s_books 中并不需要创建 category 字段,而是将 s_bookcategory 中的 category 作为 books 表的类别进行选择设置即可。

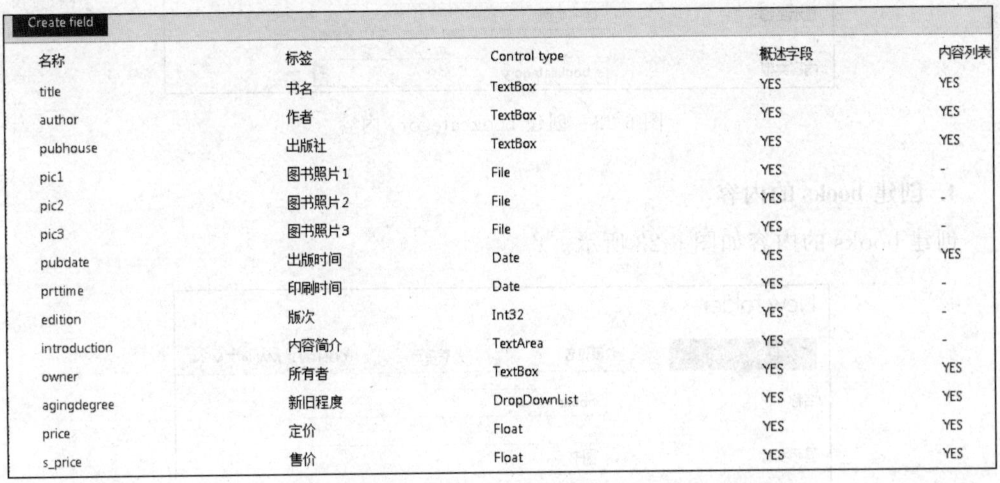

名称	标签	Control type	概述字段	内容列表
title	书名	TextBox	YES	YES
author	作者	TextBox	YES	YES
pubhouse	出版社	TextBox	YES	YES
pic1	图书照片1	File	YES	-
pic2	图书照片2	File	YES	-
pic3	图书照片3	File	YES	-
pubdate	出版时间	Date	YES	YES
prttime	印刷时间	Date	YES	-
edition	版次	Int32	YES	-
introduction	内容简介	TextArea	YES	-
owner	所有者	TextBox	YES	YES
agingdegree	新旧程度	DropDownList	YES	YES
price	定价	Float	YES	YES
s_price	售价	Float	YES	YES

图 6-20　books 的内容结构 s_book

其中的"新旧程度"(agingdegree)使用下拉列表框进行控制,在"选项值"的标签项中,选择其下拉列表中的项目为手动,通过录入得到,如图 6-21 所示。

3. 创建 bookcategory 的内容

选择"数据库"→"内容"→New folder 菜单命令,弹出界面如图 6-22 所示。设置以下内容。

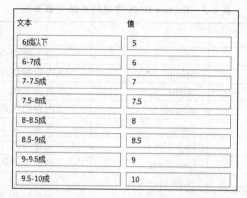

文本	值
6成以下	5
6-7成	6
7-7.5成	7
7.5-8成	7.5
8-8.5成	8
8.5-9成	8.5
9-9.5成	9
9.5-10成	10

图 6-21　agingdegree 的选项值

（1）名称：内容的名称。

（2）显示名称：在系统中该内容的显示文字，如果不设置，将会以名称项中的内容显示在系统中。

（3）内容类型：选择内容类型。

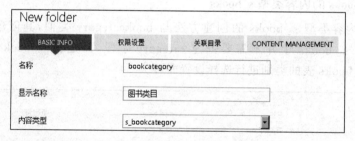

图 6-22　创建 bookcategory 内容

4. 创建 books 的内容

创建 books 的内容如图 6-23 所示。

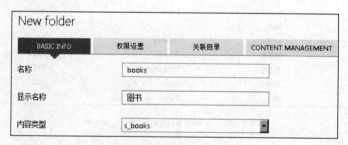

图 6-23　创建 books 内容

这里需要将 bookcategory 中的 category 字段设定为 books 的类别目录。单击 books 的"关联目录"，如图 6-24 所示，在"类别目录"中选择"图书类目"，选中"单选"复选框，然后保存。

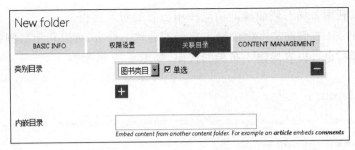

图 6-24　选择 books 的关联目录

【小贴士】

类别目录的操作是在两个不同的表间建立关联,内嵌目录的操作则类似于创建主从表。类别目录和内嵌目录是建立两个或多个表之间关系的两种方式,它们在数据添加、查询和删除时所使用的编程方式是不一样的。

5. 添加记录

添加记录有两种方法:一种方法是在内容中添加,这相当于在数据库的后台直接添加记录;另一种方法是通过一个专门设计出来的页面添加记录,这相当于制作前台的数据表单程序完成记录的添加。

本例中图书类目应由管理员添加,因此可以由管理员在后台直接添加图书类目,而用户上传的二手书交易信息,则应由程序在前台通过表单设计完成。

使用程序添加图书的设计方法将在第 6.3.5 小节中进行介绍。

此处将演示如何在网站后台直接添加图书类目。如图 6-25 所示,单击 Add content 按钮,弹出页面如图 6-26 所示,这里输入的就相当于表中的记录。选中 Published 复选框,该条记录才能在页面中看到。

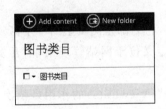

图 6-25　为图书类目添加内容一

图 6-26　为图书类目添加内容二

6.3.4　添加布局

布局模板用于定义页面的布局结构。布局模板包含有 HTML 页面公共部分的代码,还预留有相应的占位符,以便提供给不同的页面添加不同的内容。允许放到占位符的内容包括 View、Html block、Module、Folder 和 Html content 等。

Kooboo CMS 提供了默认的布局模板,开发者可以利用默认的布局模板进行修改。

选择"开发"→"布局"→"创建"菜单命令进入布局的设计界面。可在此直接输入布局的代码,也可以利用布局右侧的辅助功能使用已有的布局模板。

在 New layout 右侧的文本框中输入布局的名称 layour,可以利用右侧的布局工具辅助生成布局代码,也可以直接输入布局的代码,如图 6-27 所示。

```
New layout: layout
1  <!DOCTYPE html PUBLIC "-//W3C//DTD XHTML 1.0 Strict//EN" "http://www.w3.org/TR/xhtml1/DTD/xhtml1-strict.dtd">
2  <html xmlns="http://www.w3.org/1999/xhtml">
3  <head>
4      @Html.FrontHtml().RegisterStyles()
5      @Html.FrontHtml().Title()
6      @Html.FrontHtml().Meta()
7  </head>
8  <body>
9      <div id="body_container">
10         <div id="header">
11             <div class="header_menu">
12
13             </div>
14             <div class="page_title">
15                 @Html.FrontHtml().RenderView("Menu",ViewData)
16             </div>
17             <div class="top">
18                 @("当前位置: ".Label())
19                 @MenuHelper.Current().LinkText.Label()
20             </div>
21         </div>
22         <div id="main_container">
23             <div id="left_sidebar">
24                 @Html.FrontHtml().Position("left_sidebar")
25             </div>
26             <div id="main_body">
27                 @Html.FrontHtml().Position("main_body")
28             </div>
29             <div id="right_sidebar">
30                 @Html.FrontHtml().Position("right_sidebar")
31             </div>
32         </div>
33         <div id="footer">
34             <div class="copyright">
35                 @("亲子有声阅读交流网".Label())
36                 @("童韵传媒".Label())
37             </div>
38             <div class="footer_menu">
39                 @Html.FrontHtml().RenderView("Menu",ViewData)
40             </div>
41         </div>
42     </div>
43 </body>
44 </html>
```

图 6-27　基本布局

在图 6-27 的基本布局中有以下内容。

(1) 每一对<div></div>代表层叠样式表的定位,它们都是网页上的一个区域划分,class="XX"代表这个层所使用的样式名称。样式的定义位于网站管理菜单“开发”项中的“主题”中。

(2) @Html.FrontHtml().RenderView("Menu",ViewData)的作用是依次显示导航菜单(关于导航菜单和页面的概念将会在第 6.3.6 小节中进行介绍)。

(3) @("当前位置".Label())的作用是在指定的位置显示文字“当前位置”,这个文字被称为“标签”,标签中的文字都会出现在网站管理菜单“开发”项中的“标签”中。本布局中下面的“亲子有声阅读交流网”“童韵传媒”都属于这类标签。

(4) @MenuHelper.Current().LinkText.Label()代表导航菜单中当前的菜单名称。

(5) 每一个@Html.FrontHtml().Position()代表着一个位置,在这个位置中可以使用视图、目录或标签。本示例的布局会将主页面区划分为左、中、右三个区域。

为了能够在布局顶端进行网站的登录,需要对基本布局代码做进一步的完善,即在图 6-27 中的<div class="header_menu"></div>中,添加如图 6-28 所示的代码。

```
<a href="http://www.qinziys.com/"><img src="images/logo.jpg" class="qinziys_logo" title="亲子有声阅读交流网" /></a>
<form action="login" name="login_FORM" method="post">
<input type="hidden" name="jumpurl" value="http://www.qinziys.com" />
<input type="hidden" name="step" value="2" />
<input type="hidden" name="ajax" value="1" />
<div class="mylogin">
<table style="table-layout:fixed;">
  <tr>
    <td width="145">
      <span class="fl">
        <a href="javascript:;" hidefocus="true" title="切换登录方式" class="select_arrow" onclick="showLoginType();">
下拉</a></span>
      <div class="fl">
          <div class="pw_menu" id="login_type_list" style="position:absolute;display:none;margin:20px 0 0 0;">
          <ul class="menuList" style="width:134px;">
          <li><a href="javascript:;" onclick="selectLoginType('0','用户名')" hidefocus="true">用户名</a></li>
          <li><a href="javascript:;" onclick="selectLoginType('2','电子邮箱')" hidefocus="true">电子邮箱</a></li>
          </ul></div></div>
        <div class="login_row mb5">
          <label for="nav_pwuser" class="login_label">用户名</label>
          <input type="text" class="input fl gray" o       name="pwuser" id="nav_pwuser" value="输入用户名">
        </div>
        <div class="login_row">
          <label for="showpwd" class="login_label">密 码</label>
          <input type="password" name="pwpwd" id="showpwd" class="input fl"></div>
    </td>
    <td width="75">
      <div class="login_checkbox" title="下次自动登录">
        <input type="checkbox" id="head_checkbox" name="cktime" value="31536000">
        <label for="head_checkbox">记住登录</label></div>
      <span class="bt2 fl"><span><button type="submit" name="head_login" style="width:70px;">登录</button></span>
        </span>
    </td>
    <td width="70">
      <a href='@Url.FrontUrl().PageUrl("sendpwd")' class="login_forget">找回密码</a>
      <span class="btn2 fl"><span>
      <button type="button" style="width:70px;"
        onClick="location.href='@Url.FrontUrl().PageUrl("register")';">注册</button></span></span>
    </td>
  </tr>
</table>
</div>
```

图 6-28　在基本布局中添加登录功能

在图 6-28 中所示的代码中有以下内容。

（1）第一行中的< img src＝"images/logo.jpg"...>表示使用网站的 Logo 图片，该图片位于 images 文件夹。这个文件夹位于网站管理菜单"开发"项中的"主题"中。

（2）倒数第五行中的< href＝'@Url. FrontUrl(). PageUrl("register")'>表示超链接，该链接将会通过@Url. FrontUrl(). PageUrl("register")跳转到名为 register 的页面。

（3）@Url. FrontUrl(). PageUrl("register")是 Kooboo CMS 特有的超链接方式，由于 Kooboo CMS 的页面是在运行时生成的，因而不能像普通网站中直接写成 href＝"register"这种方式，而是要通过@Url. FrontUrl(). PageUrl()进行跳转。超链接还有其他带参数的表达方式，将在后面进行介绍。

布局代码生成后，产生的布局效果如图 6-29 所示。

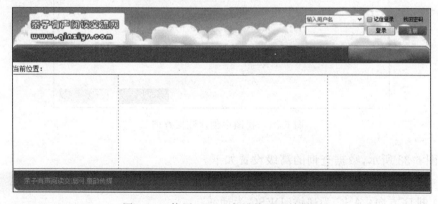

图 6-29　使用 layout 布局的页面效果图

6.3.5　添加视图

视图模板承担着组合 HTML 和内容数据的责任,开发人员查询数据,通过模板语法组合输出完整的 HTML 内容。视图模板可以配置数据查询,配置的数据结果都会存在 ViewData 中,开发人员可以通过 ViewData["DataName"]或者 ViewBag.DataName 得到查询结果对象。视图模板中查询的数据,只允许本视图模板使用,不与其他视图共享。

视图模板可以有参数配置,这些参数可以在页面使用时设置参数值。在代码中使用参数值的方法是 Page_Context.Current["parameter1"]。

在二手书交流的页面中,涉及多个视图。下面主要以最左侧的 categorylist 视图的添加为例进行介绍。

选择"开发"→"视图"→"创建"菜单命令,进入视图的编辑模式。

1. 创建数据查询

视图中数据查询的作用相当于 ADO.NET 中的 DataTable,视图读取记录前,应先创建数据查询。如在创建图书类别的视图中,首先应添加图书类别的数据查询,如图 6-30 所示,单击 categorylist 视图右侧数据查询的"+"按钮,在弹出的 Edit Filters 页面中选择 category 单选按钮,如图 6-31 所示,单击"下一条"按钮,如图 6-32 所示,设置 Data Name (此处设为 dscategory)。如果要设置筛选规则,可利用"内容过滤"来设置。要对数据查询做更多的设置,可利用"高级"选项进行设置。

图 6-30　视图中创建数据查询一

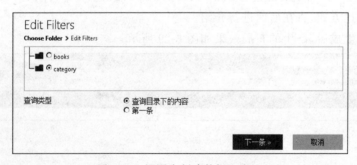

图 6-31　视图中创建数据查询二

如图 6-33 所示,数据查询的高级设置如下。

(1) Sort filed:用来选择排序的字段名,数据查询将按照此字段名进行排序。

(2) 排序方向:ASC 为递增,DESC 为递减。

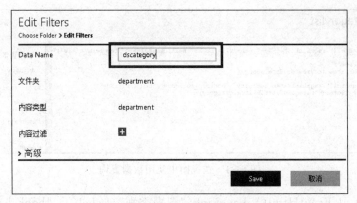

图 6-32　视图中创建数据查询三

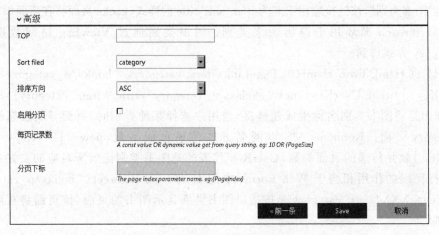

图 6-33　视图中创建数据查询四

（3）启用分页：默认为不分页。如启用分页，则数据查询将按照每页记录数中设置的记录数量进行分页显示。

（4）每页记录数：启用分页时才起作用，是分页时每页中显示的记录数量。

（5）分页下标：用于控制分页时的页码。

如果启用分页，则要在视图中添加分页的操作代码。

单击 Save 按钮后，数据查询就创建成功了。

2. 使用数据查询

如果在视图中创建了数据查询，在视图中使用"ViewBag. 数据查询名称"就可以访问数据查询中的数据了。如图 6-34 所示是 categorylist 的视图代码。

在图 6-34 的代码中有以下内容。

（1）这个视图的作用是将图书类别名称以列表的方式进行显示，同时，将每个图书类别名称生成为超链接，当单击某个选中的图书类别名称时，页面被导航到 p_category 页面，该页面将按选定的图书类别显示图书信息。

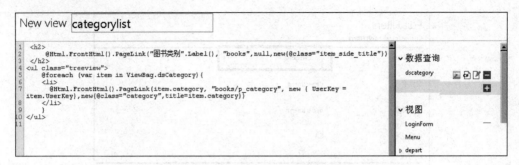

图 6-34　在视图中使用数据查询

（2）@Html. FrontHtml(). PageLink("图书类别". Label()，"books"，null，new｛@class＝"item_side_title"｝)这行代码的作用是生成一个指向 books 页面的超链接，链接显示文字是"图书类别"，该链接应用了名为 item_side_title 的样式（books 页面将在后面添加）。

（3）foreach 循环用于遍历图书类别。图书类别通过 ViewBag 访问数据查询 dscategory 方式得到。

（4）@Html. FrontHtml(). PageLink(item. category，"books/p_category"，new｛UserKey ＝ item. UserKey｝，new｛@class＝"category"，title＝item. category｝)这行代码的作用是将图书类别名称生成超链接，当用户选择某种类别时，页面导航会超链接到 p_category 页面。Kooboo CMS 以匿名方式传递页面参数，new ｛UserKey ＝ item. UserKey ｝就是传递的页面参数，UserKey 代表的是图书类别记录所对应的友好主键的值，这行代码的作用相当于 Web Forms 中的 Response. Redirect("books/p_category? UserKey＝XXX")。p_category 是按指定图书类别显示图书的页面（该页面将在后面进行创建）。

（5）books/p_category 表示 p_category 页面是从属于 books 页面的二级页面。

3. 其他视图

本例中其他视图代码分别如图 6-35～图 6-38 所示。

```
1  <ul>
2    @foreach (var item in ViewBag.books){
3      <li>
4        <img alt='@item.Title' src='@Url.Content(item.pic1??"")' class="photo_border photo_float_left  items_img_small"
   />
5        <b>
6          @Html.FrontHtml().PageLink(item.Title, "books/detail", new { UserKey = item.UserKey})
7        </b>
8        <p>@item.Introduction</p>
9          @Html.FrontHtml().PageLink("更多信息".Label(), "books/detail",new{UserKey=item.UserKey},new{title="更多信息
   ".Label(), @class="arrow_left"})
10    }
11    </li>
12  </ul>
13  @Html.FrontHtml().Pager(ViewBag.books)
```

图 6-35　books 视图

books 视图用简略的方式显示图书信息。

（1）item. pic1 ?? ""表示显示指定记录的 pic1 值，视图中使用这样的语句需要在上一页中使用匿名参数传递记录的 UserKey，当页面转到包含本页的视图时，数据查询就会根据传递的 UserKey 得到该条记录，进而得到该条记录对应的 pic1 值。

```
1    <h2>@(ViewBag.books.title ?? "")</h2>
2    <div class="detail books-detail">
3
4        <div>
5            <img alt='@ViewBag.books.title' src='@Url.Content(@ViewBag.books.pic1 ?? "")' class="photo_border
     items_img_large" />
6        </div>
7        <div>
8            <p>@("售价￥".Label()) @(ViewBag.books.s_price ?? "")</p>
9            <p>@("新旧程度".Label()) @(ViewBag.books.agingdegree ?? "") </p>
10       </div>
11       <div>
12           @("作者".Label()) @(ViewBag.books.author ?? "")
13           @("出版社".Label()) @(ViewBag.books.pubhouse ?? "")
14       </div>
15       <div>
16           @("会员名".Label()) @(ViewBag.books.owner  ?? "")
17       </div>
18       <div>
19           <p> @(ViewBag.books.Introduction ?? "") </p>
20       </div>
21
22   </div>
23
24   @Html.FrontHtml().PageLink("返回".Label(), "books",null,new{@class="arrow_left"})
```

图 6-36　detail 视图

```
1    <ul>
2        @foreach (var item in ViewBag.books){
3        <li>
4            <img alt='@item.Title' src='@Url.Content(item.pic1??"")' class="photo_border photo_float_left  items_img_small"
     />
5            <b>
6                @Html.FrontHtml().PageLink(item.Title, "books/detail", new { UserKey = item.UserKey})
7            </b>
8            <p>@item.Introduction</p>
9            @Html.FrontHtml().PageLink("更多信息".Label(), "books/detail",new{UserKey=item.UserKey},new{title="更多信息
     ".Label(), @class="arrow_left"})
10       </li>
11       }
12   </ul>
13
```

图 6-37　latestbooks 视图

New view **addbooks**

```
1    @using Kooboo.CMS.Content.Query;
2    @using Kooboo.CMS.Content.Models;
3    <h6 class="title">添加图书</h6>
4    <div class="common-form">
5        <form id="ajax-form" method="post" action="@SubmissionHelper.CreateContentUrl()">
6            @Html.AntiForgeryToken()
7            <input type="hidden" name="FolderName" value='@SecurityHelper.Encrypt("books")' />
8            <input type="hidden" name="Published" value="true" />
9            <input type="hidden" name="Categories[0].FolderName" value="bookscategory" />
10           <input type="hidden" name="owner" value="@owner" />
11           <p class="field">
12               <label for="title1">书名:</label>
13               <input type="text" id="title" name="title"   data-val-required='@("title is required".Label())' data-
     val="true"
14               @Html.ValidationMessageForInput("title")
15           </p>
16           <p class="field">
17               <label for="author">作者:</label>
18               <input type="text" id="author" name="author"   data-val-required='@("author is required".Label())' data-
     val="true" />
19               @Html.ValidationMessageForInput("author")
20           </p>
21           <p class="field">
22               <label for="sex1">图书类别:</label>
23               <select id="Categories[0].UUID"  name="Categories[0].UUID"  >
24                   @foreach(var myitem in ViewBag.bookcategory)
25                   {
26                   <option value ='@myitem.UUID'>@myitem.category</option>
27                   }
28               </select>
29           </p>
30           <p class="field">
31               <label for="pubhouse">出版社:</label>
32               <input type="text" id="pubhouse" name="pubhouse"   data-val-required='@("pubhouse is required".Label())'
```

图 6-38　addbooks 视图

（2）代码 src＝'@Url. Content(item. pic1 ?? "")'的作用是将字段 pic1 所表示的图片显示在网页里。

detail 视图用于显示指定的图书的详细信息。

latestbooks 视图用于以简略的方式显示最新添加的 5 条图书信息。

addbooks 视图的作用是通过用户操作添加图书。Kooboo CMS 是通过表单的 post方法调用@SubmissionHelper. CreateContentUrl()动作来添加记录的。

@SubmissionHelper. CreateContentUrl()动作是 Kooboo CMS 内置的添加记录的方法，与此类似，还有 @ SubmissionHelper. DeleteContentUrl ( ) 动 作（删除记录）和@SubmissionHelper. UpdateContentUrl()动作（更新记录）。它们的工作原理是类似的，即通过指定 FolderName 获得要操作的文本内容目录，然后用 input 或 select 等表单控件将这个文本内容目录对应的文本类型的名称和值作为参数 post 方法，Kooboo CMS 会自动执行相应的添加（或删除、更新）操作。

6.3.6　添加页面

页面承担着站点内容的组合和站点导航结构的构建。页面是由一系列配置信息组成的，是 Kooboo CMS 站点处理请求的入口。在创建页面时，需要先选择布局模板，在页面设计器中既可以设定页面需要的视图模板，也可以选择数据查询。布局模板和视图模式这两种模板加上数据查询就可以组成页面。

选择"网站管理"→"页面"→"新建"菜单命令，如图 6-39 所示，需要先选定页面的布局名称。这里选择之前创建的 bookselling 视图，进入页面编辑器，如图 6-40 所示。

图 6-39　创建页面

如图 6-40 所示，在页面设计器标签中的 Newpage 处的文本框中输入页面的名称（本例是 books），Place Holer 的位置是占位符，可以添加视图、目录或标签。这里从左到右依次添加的视图为 categorylist、books 和 latestbooks三个视图。

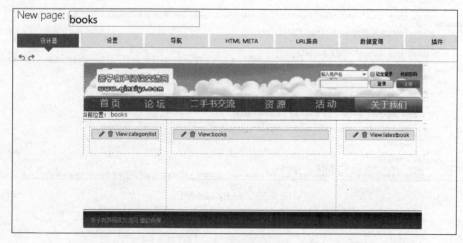

图 6-40　页面编辑器

如图 6-41 所示,在"设置"选项卡中,如果选中"设置为首页"复选框后,该页面将会作为网站的首页。一个网站中设置为首页的页面只能有一个。

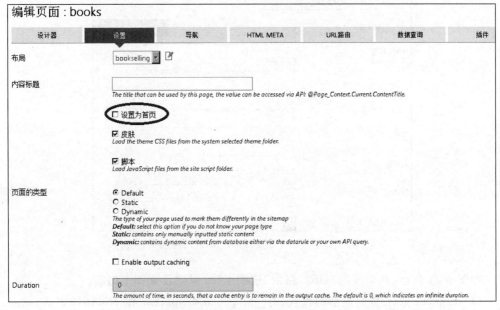

图 6-41 页面中的"设置"选项卡

如图 6-42 所示,在"导航"选项卡中,如果选中"显示在导航"复选框,则可以通过 @MenuHelper 命令在视图中进行页面导航。

(1)"显示文本"是该页面显示在导航栏里的文本,如果没有设置内容,则会显示为页面的名称。

(2)"排序"中的序号用于设置页面在导航中的顺序。@MenuHelper 将会以排序的顺序依次显示多个导航页面。

图 6-42 页面中的导航设置

如图 6-43 所示,在页面中的 HTML META 设置主要用来设置页面的相关信息,如标题、作者、用于 SEO 的信息内容等。这个设置对于在搜索引擎中查找到网站和页面很有用处,是进行网络营销、提高被搜索率的一个有力的设置工具。

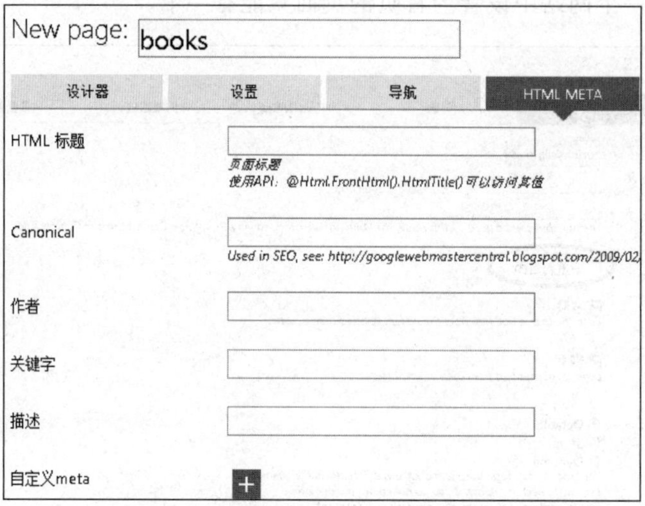

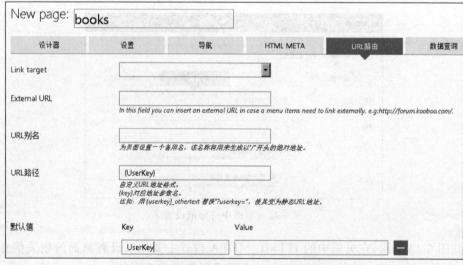

图 6-43　页面中的 HTML META 选项卡

如图 6-44 所示,在页面的"URL 路由"选项卡中,可以设置如下内容。

(1) Link target：页面显示的位置,有_self、_blank、_parent 和_top 四种方式。

(2) External URL：设置页面的外部访问路径。

(3) URL 别名：用于设置页面访问时的备注名。

(4) URL 路径：由于本示例需要用 new { UserKey＝item. UserKey} 传递匿名参数(请看前面的 books 以及 categorylist 等视图),此处应设置为{UserKey},其作用相当于指明 teachers? UserKey＝XXX 页面的 UserKey 参数。

(5) 默认值：本示例添加 UserKey(注意不要用括号),这个 UserKey 就相当于 books? UserKey＝XXX。

图 6-44　页面中的"URL 路由"选项卡

当页面设置完成后,可单击"保存"→"保存并发布"按钮,此页面就最终设置完成了。books 页面预览效果如图 6-45 所示。

图 6-45 books 页面预览效果

在前面的视图中,已经看到在 books 页面下一级还有 p_category 以及 detail 两个子页面。此时需要创建 books/p_category 和 books/detail 子页面。

在 Kooboo CMS 的网站集群管理后台中,找到左侧的"开始"菜单,单击 books 页面右侧的箭头,选择 New sub page 命令,直接选择布局(本例仍为 layout)后,就可以创建 books 的子页面了,如图 6-46 所示。

子页面的设置方法与 books 类似。其中,p_category 子页面从左至右使用的三个视图分别为 categorylist、booksbycategory 和 latestbook;detail 子页面从左至右使用的三个视图分别是 categorylist、detail 和 latestbook。

这 3 个页面是如何协同工作的呢?结合前面讲到的视图来分析一下页面的工作原理。

在 books 页面中,最左侧的是 categorylist 视图,该视图的作用是以列表的方式列出图书的类别,并将每个类别变为一个超链接。

在运行时,当单击 categorylist 中显示出来的某一个图书类别的超链接时,页面会导航到 books/p_category 页面,同时,该类别所对应的 UserKey 值就以匿名的方式传递给了 p_category 页面,由于 p_category 子页面中间的视图为 booksbycategory,该视图的作

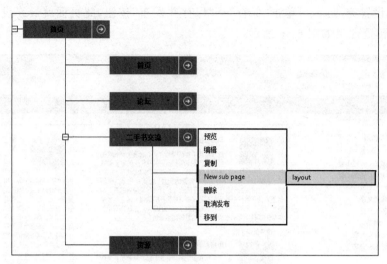

图 6-46　添加 New sub page 子页面

用是按照指定的图书类别值显示该类别所对应的图书信息，这样 p_category 页面就会以指定的图书类别的 UserKey 值来显示对应类目的图书信息了。

同理，当单击某一本书的"更多信息"时，页面会导航到 books/detail 页面。detail 子页面用于显示图书的详细信息。这部分功能将由 detail 页面中间的 detail 视图完成。这个视图的作用是显示指定 UserKey 的图书。

以上简略地介绍了 Kooboo CMS 建站的方法和步骤。要想深入地学好一个建站工具，还需要学习很多相关的知识，这里不再详细讲解。有兴趣的读者可自行查找资料进行学习。

本章小结

本章主要介绍了使用建站工具快速开发网站的方法，以 Kooboo CMS 为例介绍开发网站的流程。由于建站工具有很多种，它们基于的语言种类也不一样，读者在学习时可以更换自己熟悉的建站工具进行学习，如对 PHP 较熟悉的可以使用织梦 CMS 或帝国 CMS 进行建站学习。Kooboo CMS 是一款基于 ASP. NET 技术和 C♯语言进行网站开发的建站工具。

使用 Kooboo CMS 的建站流程如下。

设计并上传网站模板→创建网站→创建内容数据库→添加布局→添加视图→创建页面。

这些流程中只有创建布局和视图需要对代码比较熟悉，其他步骤基本可以通过操作完成。使用建站工具可以简化编程，快速开发网站，但一定不要认为使用建站工具就不用学习动态网站编程技术了。

本章习题

(1) 练习安装 Kooboo CMS 建站工具。

(2) Kooboo CMS 的建站流程是什么？

(3) Kooboo CMS 的布局模板的作用是什么？

(4) Kooboo CMS 的视图模板的作用是什么？

(5) Kooboo CMS 的页面是如何创建的？需要用到什么？如果要在页面间传递某个参数值,该如何操作？

(6) 在 Kooboo CMS 中如何生成超链接？

(7) 请将第 5 章第 4 题策划的学院网站用建站工具设计出来。

第 7 章

网站测试与上传

➤ 了解网站测试的概念和网站测试的类型。
➤ 掌握利用 CuteFTP 工具上传网站的方法。

7.1 网站测试

网站测试是为了发现错误而运行网站的过程,它是指在网站交付给用户使用之前或者正式投入运行之前,对网站的需求规格说明、设计规格说明和编码的最终检查和修改。网站测试的最终目的是尽可能地避免各种错误的发生,以确保整个网站能够正常、高效地运行。但实际上,网站测试是贯穿于网站建设全过程的。

通常开发人员在完成每一个页面的编写后就应该对这个页面进行测试,这类测试称为页面测试,通常由开发人员自己完成,主要测试内容包括美工设计和页面功能的测试,要检查的项目主要有以下两个方面。

1. 页面

首页、二级页面、三级页面能否正常显示,特别是在各种常用分辨率下有无错位发生;页面中的图片内有无错别字;页面内的超链接是否正确;各栏目图片与内容信息是否对应等。

2. 功能

页面是否显示正确;页面的功能是否达到客户的要求;页面连接的数据库是否正确;动态生成的超链接有无错误;页面传递的参数和内容是否正确;试填测试信息后提交是否达到预定的目的,有无错误等。

在网站设计发布之前,网站还应根据交付的标准和客户的要求,由专人进行全面测试,这是网站开发的一个必要的阶段。全面测试也同样包括页面和程序两方面的综合测试。

　　在网站上传后,由于网站的环境发生改变,为了防止错误的发生,也应在投入使用之前对网站进行发布测试。

7.1.1　网站测试阶段流程

　　通常的网站项目基本上采用"瀑布型"的开发方式。在这种开发方式下,各个项目的主要活动比较清晰,易于操作。整个网站项目的生命周期为"需求-设计-编码-测试-发布-实施-维护"。

　　然而,在制订测试计划时,开发人员对测试的阶段划分还不是十分明晰,经常遇到的问题是把测试计划单纯理解成系统测试,或者把各种类型的测试设计全部都放到生命周期的测试阶段,这样既浪费了开发阶段可以并行的项目日程,又会造成测试工作的不足,同时还可能大大增加了后期测试阶段及系统修改调试的工作量。

　　因此,明确网站测试工作的流程很有必要。网站测试的工作流程如图 7-1 所示。

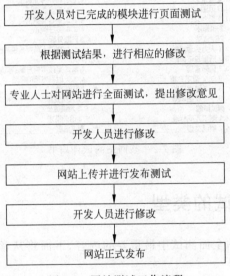

图 7-1　网站测试工作流程

7.1.2　制订网站测试计划

　　进行网站测试,首先要制订网站的测试计划。网站测试计划应在网站规划时进行制订。目前,网站的测试过程已经从一个相对独立的步骤进入嵌套在网站的整个生命周期中,因此,在制订网站的测试计划时应按照以上所说的网站测试工作流程的内容进行制订。

　　网站测试计划与传统的软件测试既有相同之处也有不同的地方,它对软件测试提出了新的挑战。网站测试不但需要检查和验证是否按照设计的要求运行,而且要评价系统在不同用户的浏览器端的显示是否正常。更重要的是,还要从最终用户的角度进行安全性和可用性测试。主要从网站功能、网站性能、网站的可用性、浏览器的兼容性、网站安全性等方面进行测试。网站测试计划还要列出测试的参与人员、测试的时间进度等内容。

在网站测试计划中,包括网站测试计划书,在撰写网站测试计划书之前,应列出一个表 7-1 所示的表格,标明网站测试计划的日期、版本、说明和作者等内容。对于网站测试计划书,限于篇幅,不全部列出,只给出某网站测试计划书的目录部分,如图 7-2 所示。这里,读者可自行查阅相关内容进行学习。

表 7-1 网站测试计划

日期	版本	说明	作者

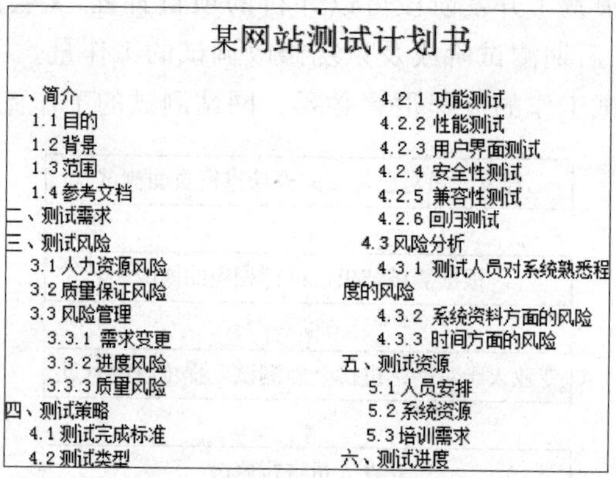
某网站测试计划书

一、简介
1.1 目的
1.2 背景
1.3 范围
1.4 参考文档
二、测试需求
三、测试风险
3.1 人力资源风险
3.2 质量保证风险
3.3 风险管理
3.3.1 需求变更
3.3.2 进度风险
3.3.3 质量风险
四、测试策略
4.1 测试完成标准
4.2 测试类型
4.2.1 功能测试
4.2.2 性能测试
4.2.3 用户界面测试
4.2.4 安全性测试
4.2.5 兼容性测试
4.2.6 回归测试
4.3 风险分析
4.3.1 测试人员对系统熟悉程度的风险
4.3.2 系统资料方面的风险
4.3.3 时间方面的风险
五、测试资源
5.1 人员安排
5.2 系统资源
5.3 培训需求
六、测试进度

图 7-2 某网站测试计划书

7.2 网站测试的类型

网站测试类型是网站全面测试中最重要的内容,下面将从常用的网站测试类型进行介绍。

7.2.1 功能测试

对于网站的测试而言,每一个独立的功能模块需要进行单独的测试用例的设计,用例设计的主要依据为《需求规格说明书》及《详细设计说明书》。主要测试以下几方面内容。

1. 链接测试

链接是网站中的一个主要功能,它是在页面之间切换和指导用户到达不熟悉页面的主要手段。链接测试可分为三个方面。

(1) 测试所有链接是否按指示确实链接到该链接的页面。

(2) 测试所链接的页面是否存在。

(3) 保证网站中没有孤立的页面,孤立页面是指没有链接指向该页面,只有知道正确的 URL 地址才能访问。

　　链接测试必须在全面测试阶段完成，也就是说，当网站中所有页面开发完成后才进行链接测试。

　　测试网站链接的正确性可采用 Xenu 工具软件，如图 7-3 所示，这是 Xenu 工具的工作界面。它是一个绿色软件，无须安装。当把一个要检查的网站的首页网址输入其"检查网址"窗口内后，Xenu 就会自动检测网站内所有的链接是否正确。

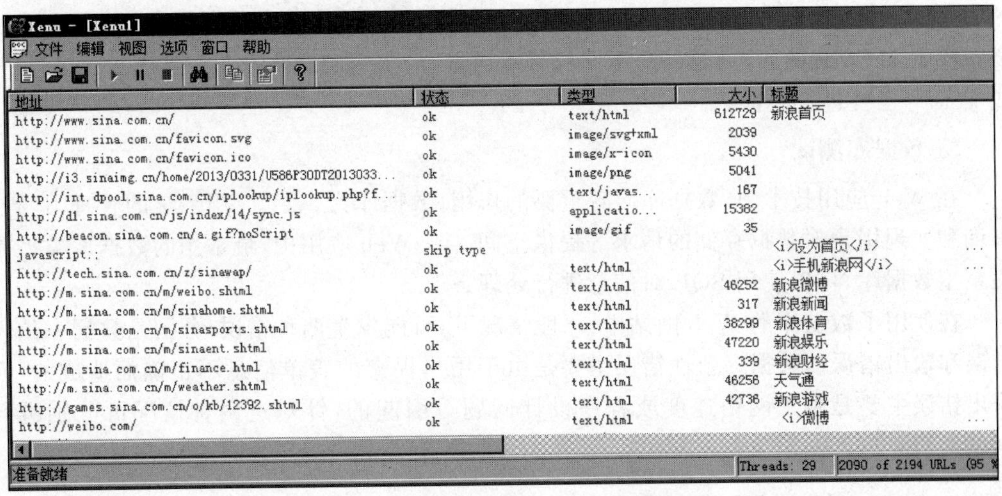

图 7-3   Xenu 工具软件的工作界面

2. 表单测试

　　当用户在网站中提交信息时，就需要使用表单操作，如用户注册、登录等信息提交。如图 7-4 所示为网易邮箱登录时的表单。使用表单时应测试提交操作的完整性和校验提交给服务器信息的正确性。

　　如用户填写的出生日期格式是否正确、年龄是否符合实际情况、E-mail 地址是否正确及填写的所属省份与所在城市是否匹配等。如果使用了默认值，还要检验默认值的正确性。如果表单只能接受指定的某些值，测试时就可以使用指定值之外的字符进行提交，看系统是否会报错。

　　对表单填写的内容要逐一进行提交测试，测试方法主要有边界值测试、等价类测试及异常类测试。测试中要保证每种类型都有两个以上的典型数值的输入，以确保测试输入的全面性。

图 7-4   登录网易邮箱时的表单

3. Cookies 测试

　　Cookies 本质上是一种文本文件，它通常用来存储网站中的用户信息，当一个用户使用 Cookies 访问某一个网站时，Web 服务器会把该信息以 Cookies 的形式存储在客户端计算机上，下一次再使用该信息时系统可通过读取 Cookies 直接得到。

如果网站使用了 Cookies,就必须检查 Cookies 是否能正常工作,并且确认 Cookies 信息是否进行了加密。测试的内容可包括 Cookies 是否起作用、是否按预定的时间进行保存、刷新对 Cookies 有什么影响等。

4. 设计语言测试

Web 设计语言版本的差异可以引起客户端或服务器端严重的问题,如使用哪种版本的 HTML 等。当在分布式环境中开发时,开发人员不在一起,这个问题就显得尤为重要。除了 HTML 的版本问题外,不同的脚本语言,如 Java、JavaScript、ActiveX、VBScript 或 Perl 等也要进行验证。

5. 数据库测试

在 Web 应用技术中,数据库起着重要的作用,数据库为 Web 应用系统的管理、运行、查询和实现用户对数据存储的请求等提供空间。在 Web 应用中,最常用的数据库类型是关系型数据库,可以使用 SQL 对信息进行处理。

在使用了数据库的 Web 网站中,一般情况下,可能发生两种错误,分别是数据一致性错误和输出错误。数据一致性错误主要是由于用户提交的表单信息不正确而造成的,而输出错误主要是由于网络速度或程序设计问题等引起的,针对这两种情况可分别进行测试。

7.2.2 性能测试

网站的性能测试对于网站的运行非常重要,因而建立网站性能测试的一整套的测试方案将是至关重要的。网站的性能测试主要从 3 个方面进行：连接速度测试、负载 (Load)测试和压力(Stress)测试。

连接速度测试是指对打开的网页进行响应速度的测试。负载测试指的是进行一些边界数据的测试;压力测试更像是恶意测试,倾向是致使整个网站系统崩溃。

1. 连接速度测试

用户连接到网站的速度随着上网方式的不同(如使用无线、宽带、光纤等方式)而变化。当下载一个程序时,用户可能会等待较长的时间,但如果仅仅访问一个页面就不应该这样。如果网站响应时间太长(如超过 5s),用户就会因没有耐心等待而离开。

有时,页面有超时的限制,如果响应速度太慢,用户可能还没来得及浏览内容,就需要重新登录了;而且连接速度太慢,还可能引起数据丢失,使用户得不到真实的页面。这些都应该在连接速度测试时注意到。

2. 负载测试

负载测试是为了测试网站在某一负载级别上的性能,以保证网站在需求范围内正常工作,应该安排在 Web 网站发布以后。负载级别可以是某个时刻同时访问网站的用户数量,也可以是在线数据处理的数量。

负载测试是在常规负载级别下测试网站,确认响应时间是否符合网站性能要求。例如,Web 网站能允许多少个用户同时在线;如果超过了这个数量会出现什么现象;Web 网站能否处理大量用户对同一个页面的请求。

3. 压力测试

压力测试是在超常规负载级别下，长时间连续运行系统，检验 Web 网站的各种性能表现和反应，其实质是实际破坏一个 Web 应用系统，测试系统的限制和故障恢复能力，也就是测试 Web 应用系统会不会崩溃，在什么情况下会崩溃。"黑客"常常提供错误的数据负载，直到 Web 应用系统崩溃，接着当系统重新启动时获得存取权。

压力测试的区域包括表单、登录和其他信息传输页面等。实际测试过程中，压力测试是通过长时间连续运行，从比较小的负载级别开始，增加超负载（并发、循环操作、多用户等），直到 Web 网站的响应时间超时。以此来测试什么时候 Web 网站会产生异常，以及异常处理能力，从而找出网站的瓶颈所在。压力测试本质上就是超常规的负载测试。

通常使用 OpenSTA 工具进行网站性能测试，如图 7-5 所示是 OpenSTA 的工作界面。

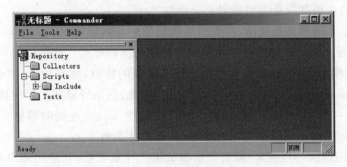

图 7-5 OpenSTA 的工作界面

7.2.3 接口测试

在很多情况下，Web 站点不是孤立的，它可能会与外部服务器进行通信，如请求数据、验证数据或提交订单等。

1. 服务器接口

第一个需要测试的接口是浏览器与服务器的接口。测试人员提交事务，然后查看服务器记录，并验证在浏览器上看到的是否是服务器上发生的。测试人员还可以查询数据库，确认事务数据已正确保存。

2. 外部接口

有些 Web 网站有外部接口。测试人员需要确认软件能够处理外部服务器返回的所有可能的消息。

3. 错误处理

最容易被测试人员忽略的地方是接口错误处理，通常试图确认系统能够处理所有错误，但却无法预期系统所有可能的错误。尝试在处理过程中中断事务，或者尝试中断用户到服务器的网络连接，查看发生的情况以及系统能否正确处理这些错误。

在电子商务的购物网站中，如果用户自己中断事务处理，在订单已保存而用户没有返回网站确认时，需要由客户代表致电用户进行订单确认。

7.2.4 可用性测试

可用性测试也可称为"用户体验测试"，是通过 Web 网站的功能来设计测试任务，让用户根据任务完成模拟的真实测试，检验系统的可用性，作为系统后续改进和完善的重要参考依据。目前，可用性缺乏评判基准，需要测试人员更多地从用户角度出发去考虑，而且只能用手工方式进行测试，通常进行的网站可用性测试主要有以下几个方面。

1. 导航测试

导航描述了用户在一个页面内或不同的页面之间进行切换操作的方式。通过考虑下列问题，可以决定网站是否易于导航。

（1）导航是否直观。

（2）网站的主要部分是否可通过首页存取。

（3）网站是否需要站点地图、搜索引擎或其他的导航帮助。

在一个页面上放太多的信息往往起到与预期相反的效果。网站的用户趋向于目的驱动，即快速地扫描一个网站，看是否有满足自己需要的信息，如果没有，就会很快地离开。很少有用户愿意花时间去熟悉一个网站的结构，因此，网站导航要尽可能地准确。

导航的另一个重要方面是网站的页面结构、导航、菜单、连接的风格是否一致。确保用户凭直觉就知道网站里面是否还有内容，内容在什么地方。

Web 网站的层次一旦决定，就要着手测试用户导航功能，让最终用户参与这种测试，效果将更加明显。

2. 图形测试

在网站中，适当的图片和动画既能起到广告宣传的作用，又能起到美化页面的功能。一个网站的图形可以包括图片、动画、边框、颜色、字体、背景、按钮等。图形测试的内容有以下几个。

（1）要确保图形有明确的用途，图片或动画不要胡乱地堆在一起，以免浪费传输时间。网站的图片尺寸要尽量地小，并且要能清楚地说明某件事情，一般都要链接到某个具体的页面。

（2）验证所有页面字体的风格是否一致。

（3）背景颜色应该与字体颜色和前景颜色相搭配。

（4）图片的大小和质量也是一个很重要的因素，一般采用 JPG、GIF 或 PNG 格式。

3. 内容测试

内容测试用来检验网站所提供信息的正确性、准确性和相关性。

（1）信息的正确性是指信息是可靠的还是错误的。例如，在商品价格列表中，错误的价格可能引起财政问题甚至导致法律纠纷。

（2）信息的准确性是指是否有语法或拼写错误，这种测试通常使用一些文字处理软件来进行修正，如使用 Microsoft Word 的"拼音与语法检查"功能。

（3）信息的相关性是指是否在当前页面可以找到与当前浏览信息相关的信息列表或

入口,也就是一般网站中的"相关文章列表"。

4. 整体界面测试

整体界面是指整个网站的页面结构设计能否给用户以整体感。例如,当用户浏览网站时是否感到舒适,是否凭直觉就知道要找的信息在什么地方,整个网站的设计风格是否一致等。

对整体界面的测试过程,其实是一个对最终用户进行调查的过程。一般网站会在其首页上以调查问卷的形式取得最终用户的反馈信息。

对所有的可用性测试来说,都需要有外部人员(与 Web 网站开发没有联系或联系很少的人员)的参与,最好是有最终用户的参与。

7.2.5 兼容性测试

兼容性测试是为了验证网站可以在最终用户的计算机上正常运行,如果网站用户是全球的,还需要测试各种操作系统以及各种设置的组合。目前,通常进行的兼容性测试主要有以下 3 个方面。

1. 平台测试

市场上有很多不同的操作系统类型,最常见的有 Windows、UNIX、macOS、Linux等。网站的最终用户究竟使用哪一种操作系统,取决于用户系统的配置。这样,就可能会发生兼容性问题,同一个网站可能在某些操作系统下能正常运行,但在另外的操作系统下就可能会失败。因此,在网站发布之前,需要在各种操作系统下对网站进行兼容性测试。

2. 浏览器测试

浏览器是 Web 客户端最核心的构件,来自不同厂商的浏览器对 Java、JavaScript、ActiveX、Plug-in 等有不同的支持。例如,ActiveX 是 Microsoft 的产品是为 Internet Explorer 而设计的,JavaScript 是 Netscape 的产品,Java 是 Oracle 的产品等。另外,框架和层次结构风格在不同的浏览器中也有不同的显示,甚至根本不显示。不同的浏览器对安全性和 Java 的设置也不一样。

测试浏览器兼容性的一个方法是创建一个兼容性矩阵。在这个矩阵中,测试不同厂商、不同版本的浏览器对某些构件和设置的适应性。

可以采用 OpenSTA 对不同的浏览器进行测试。

3. 视频测试

视频测试主要是测试页面版式在分辨率为 640×400、600×800 或 1024×768 像素模式下能否正常显示,视频中的字体是否太小或者是太大以至于无法浏览等。

7.2.6 安全性测试

安全性测试主要是测试网站在没有授权的内部或者外部用户对系统进行攻击或者恶意破坏时如何进行处理,是否仍能保证数据和页面的安全。另外,对于操作权限的测试也包含在安全性测试中。

Web 网站的安全性测试区域主要有以下几个。

1. 目录设置

Web 安全的第一步就是正确设置网站目录。网站的根目录或子目录中都应该有该目录对应的首页面（如 index.html、index.asp、index.php、index.aspx 等）；在 Web 服务器的配置中应将目录浏览的权限去除，以免用户可以看到网站内部的页面信息。

2. 登录

现在的网站基本采用先注册后登录的方式。因此，必须测试有效和无效的用户名和密码，要注意到是否大小写敏感，可以试多少次的限制，是否可以不登录而直接浏览某个页面等。

3. Session

Session 是网站用过的会话技术，要检查网站的 Session 是否有超时的限制，即用户登录后在一定时间内（如 15min）没有单击任何页面，是否需要重新登录才能正常使用。

4. 日志文件

为了保证网站的安全性，日志文件是至关重要的。需要测试相关信息是否写进了日志文件、是否可追踪。

5. 加密

当使用了安全套接字时，还要测试加密是否正确，同时检查信息的完整性。

6. 安全漏洞

服务器端的脚本常常构成安全漏洞，这些漏洞又常常被"黑客"利用。所以，还要测试没有经过授权就不能在服务器端放置和编辑脚本的问题。

通常采用 SAINT（Security Administrator's Integrated Network Tool）工具检测网站系统的安全问题，并给出安全漏洞的解决方案，不过这个软件只能针对一些较常见的漏洞提供解决方案。

7.3　网站上传

网站建设完成并测试成功后，就要将网站内容上传到服务器，以便于用户访问。由于架设网站采用的服务器方式不同（如采用前面章节中所说的自购、托管或租用虚拟主机等方式），上传的方法也不尽相同。

如果是自购或托管，服务器的软件环境完全可以自己安装，然后将网站和相应的数据库进行上传并进行配置即可。如果是租用虚拟主机，则需要按照虚拟主机提供方给定的方法进行上传和配置。下面将以租用虚拟主机的方式进行网站上传和配置的介绍。

由于网站一般都会包括网页和数据库，而两者上传的方法是不同的，这里将分别介绍。

7.3.1　上传数据库

中国万网的虚拟主机空间主要支持 Access、MySQL 和 SQL Server 等数据库。由于本书的示例网站采用的是 SQL Server 的数据库,故本节以在中国万网的虚拟主机空间里以上传 SQL Server 数据库为例进行介绍。

 **实训 7-1**

利用中国万网虚拟主机上传 SQL Server 数据库

【实训目的】

(1) 掌握虚拟主机的数据库上传方法。

(2) 掌握 SQL Server 数据导入导出的方法。

【知识点】

中国万网支持的是 SQL Server 数据库的版本是 2008 版,需要在进行数据库上传的操作计算机上安装 SQL Server 2008(以下称为 MSSQL)企业管理器,同时,操作环境的网络一定要稳定,如果网络速率太慢,客户端的 MSSQL 管理器会出现假死状态(没有反应)。

上传数据库的步骤总体来说分为以下 3 步。

(1) 将本机连接到远程服务器。

(2) 在本机生成 SQL 脚本,并把本机生成的脚本放到远程执行(这一步会在远程服务器上创建表结构、视图和存储过程,但没有把本机数据表里的数据行导入远程服务器)。

(3) 导入数据表里的数据(这一步就是把本机数据表里的数据行导入远程的数据表)。

【实训准备】

(1) 通过租用得到中国万网的虚拟主机和空间。

(2) 本机安装了 MSSQL 2008 版本的管理器。

【实训步骤】

(1) 登录中国万网,进入"管理控制台"→"云虚拟主机"命令,单击租用的虚拟主机的管理链接,就可以看到图 7-6 所示的中国万网给出的数据库管理账号,包括 MSSQL 的数据库链接地址、名称、用户名、类型和管理密码。

图 7-6 中国万网虚拟主机空间使用的数据库管理账号信息

(2) 利用中国万网给出的账号连接信息,在本机连接远程 SQL Server 服务器,如图 7-7 所示。当连接成功后,可以在本地看到远程数据库服务器的内容,如图 7-8 所示。

(3) 将本地的数据库生成脚本。

① 在本地的数据库上右击,在弹出的菜单中选择"任务"→"生成脚本"命令,如图 7-9 所示。

② 此时 SQL Server 会启动脚本向导,如图 7-10 所示。

图 7-7　连接到远程 SQL Server 服务器

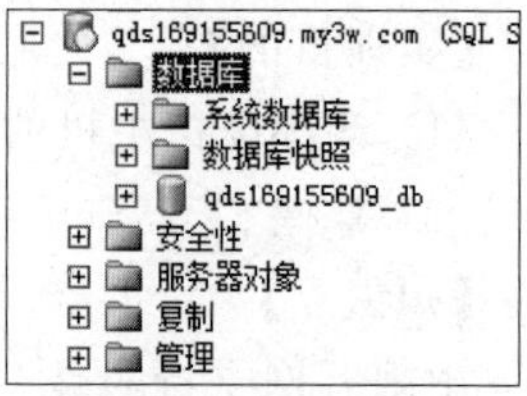

图 7-8　连接到远程数据库
服务器

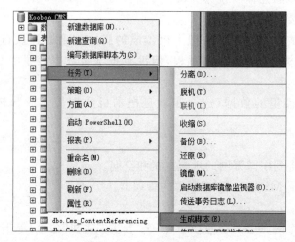

图 7-9　生成脚本操作

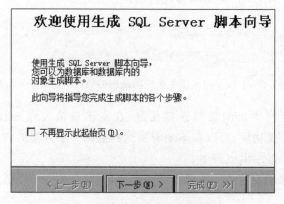

图 7-10　启动生成脚本操作向导

③ 选择要生成脚本的数据库名称,如图 7-11 所示。

④ 选择脚本生成的选项,如图 7-12 所示。

图 7-11 选择数据库 　　　　　　　　　　图 7-12 选择脚本选项

⑤ 选择对象类型,此处应将"存储过程""表"和"视图"复选框全部选中,如图 7-13 所示。

⑥ 设置输出选项,可将生成的脚本保存到文件,为了操作方便,可选中"将脚本保存到'新建查询'窗口"单选按钮,如图 7-14 所示。

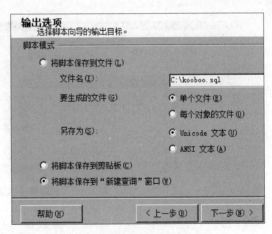

图 7-13 选择对象类型 　　　　　　　　　　图 7-14 设置输出选项

⑦ 此时生成脚本向导显示脚本向导摘要,在此可以查看以上对脚本的设置,如图 7-15 所示。

⑧ 通过脚本向导最终生成脚本,如图 7-16 所示。由于选中了"将脚本保存到'新建查询'窗口"单选按钮,向导会将脚本显示在查询窗口中。

图 7-15　脚本向导摘要

图 7-16　生成脚本进度

（4）利用脚本在远程数据库中生成与本地数据库一样的结构，包括表、视图和存储过程。

① 如图 7-17 所示，在椭圆圈处的数据库名称下拉列表框中选择远程数据库，将右侧的查询窗口代码的第一行代码删除，然后单击 MSSQL 管理器中的执行按钮，SQL Server 会在远程数据库中运行该脚本，完成在远程数据库生成与本地数据库一样的结构（包括表、视图和存储过程）。

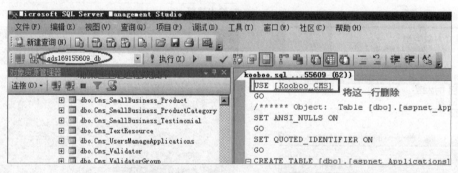
图 7-17　利用脚本生成数据库对象

② 当执行完脚本后，可以在远程数据库中看到新生成的数据库对象，如图 7-18 所示。

（5）将本机数据表里的数据行导入远程数据库。

① 在 MSSQL 的资源管理器中将中国万网指定的数据库信息连接到远程数据库。

② 在远程数据库上右击，在弹出的快捷菜单中选择"任务"→"导入数据"命令，如图 7-19 所示，启动数据导入导出向导。

③ 按向导操作，如图 7-20 所示，要求选择数据源，此处在服务器名称中输入本地数据库服务器的名称或 IP 地址，在数据库中选择本地含有数据的数据库名称。

图 7-18　在远程数据库生成数据库中的对象

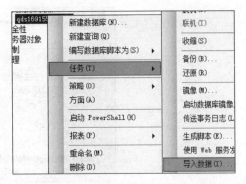
图 7-19　在远程数据库上导入数据

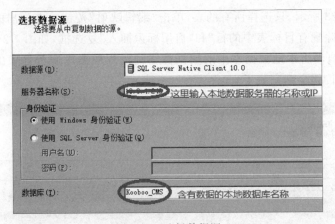
图 7-20　选择数据源

④ 选择目标。如图 7-21 所示，这一步中的服务器名称、SQL Server 用户名、SQL Server 密码和数据库要按照中国万网给出的信息进行设置。

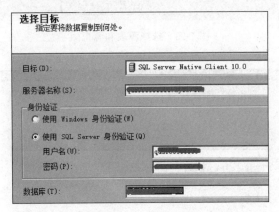
图 7-21　选择目标

⑤ 如图 7-22 所示，在指定表复制或查询的向导中选中"复制一个或多个表或视图的数据"单选按钮，然后单击"下一步"按钮。

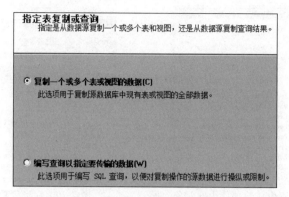

图 7-22   指定表复制或查询

⑥ 如图 7-23 所示,只选择所有的表,单击"编辑映射"按钮。在弹出的"传输设置"对话框中选中"删除现有目标表中的行"和"启用标识插入"复选框,如图 7-24 所示。

⑦ 向导会自动将本地数据库中的数据传输到远程数据库服务器中的数据库中。至此,数据库的上传就全部完成了。

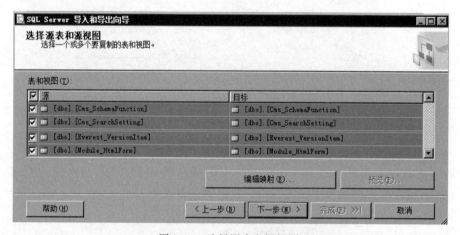

图 7-23   选择源表和源视图

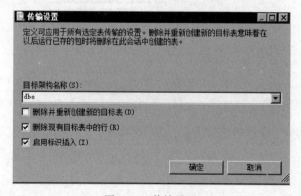

图 7-24   传输设置

7.3.2 上传网站

网站的上传一般利用 FTP 上传工具比较方便。此处以 CuteFTP 为例进行介绍。

在上传网站内容之前,需要先在本地将要上传网站中的数据库连接字符串按虚拟空间给定的数据库服务器信息进行修改,即修改 SqlServer.config 和 Web.config 文件。图 7-25 展示了 SqlServer.config 文件的修改方法。

图 7-25 SqlServer.config 文件中数据库连接字符串的修改和配置

实训 7-2

使用 CuteFTP 上传网站

【实训目的】

(1) 了解 FTP 服务。

(2) 掌握 CuteFTP 软件的使用方法。

【知识点】

FTP 是文件传输协议,使用 FTP 服务是为了在两台计算机之间传输文件。使用 FTP 服务时,一定是有两个程序在运行,一个运行在提供资源或空间的服务器端,称为 FTP 服务器;另一个运行在客户机上,称为 FTP 客户端。将客户机上的文件通过 FTP 传输到服务器上的动作称为"上传";将服务器端的文件传输到客户机上的动作称为"下载"。

在客户端使用 FTP 时要先用指定的有相应权限的用户名和密码连接到服务器后才能进行上传或下载。

FTP 的工具有很多种,但使用起来大同小异,都是在客户机上使用有效的账号信息建立到 FTP 服务器的连接,然后执行上传、下载的操作。

在租用虚拟主机和空间后,虚拟主机服务提供商都会提供给用户一个 FTP 的账号,以方便用户管理自己的网站。

【实训准备】

(1) 拥有中国万网的虚拟主机空间的 FTP 账号信息。

(2) 安装有 CuteFTP 软件。

【实训步骤】

(1) 登录中国万网,在云虚拟主机的管理链接中找到 FTP 链接地址、FTP 用户名和密码等信息。

（2）通过"开始"菜单中的"程序"命令来启动 CuteFTP 程序,界面如图 7-26 所示。

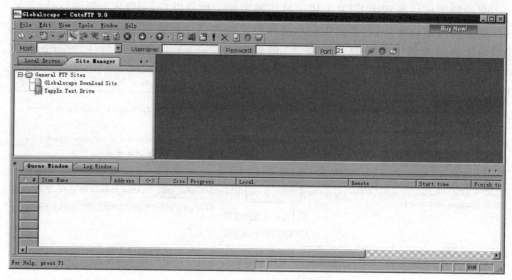

图 7-26　CuteFTP 的工作界面

（3）选择 File→New→FTP Site 菜单命令,弹出的站点属性如图 7-27 所示。

（4）在"站点属性"对话框中,根据中国万网虚拟空间提供的 FTP 信息设置以下各项。

① Label(标签)：用于设置所建立的 FTP 站点的名称。

② Host address(主机地址)：用于设置虚拟空间的 FTP 地址。

③ Username(用户名)：用于设置虚拟空间提供的 FTP 用户名。

④ Password(密码)：用于设置虚拟空间中对应于 FTP 用户名所对应的密码。

⑤ Comments(注释)：用于设置相关的注释信息。

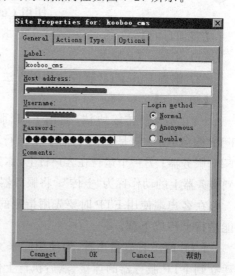

图 7-27　站点属性

⑥ Login method(登录方式)：用于设置 FTP 登录方式,有 Normal(标准方式)、Anonymous(匿名方式)和 Double(两者方式)三种。

（5）设置完成后,单击 Connect 按钮,即可连接相应的 FTP 服务器。连接成功的界面如图 7-28 所示,左侧的 Local Drives 称为本地驱动器窗格,显示的是客户机本地的磁盘系统。右侧是 FTP 远程服务器的空间内容。

（6）在图 7-29 中左侧的 Local Drives(本地驱动器)窗格中,选择相应站点文件夹或文件。如果要选择多个文件或文件夹,可以按住 Ctrl 键或 Shift 键的同时用鼠标选取。

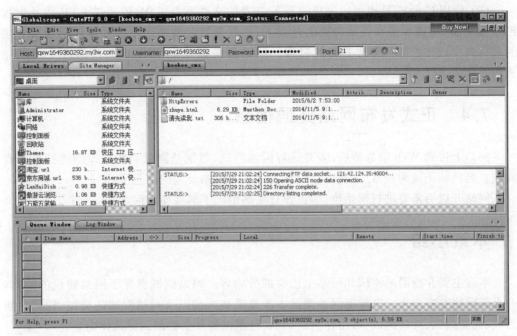

图 7-28 成功连接到 FTP 服务器界面

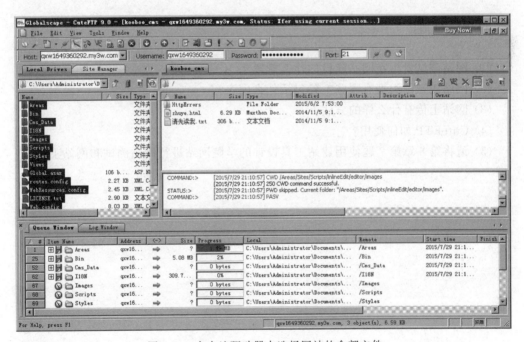

图 7-29 在本地驱动器中选择网站的全部文件

（7）单击工具栏中的按钮 或直接从左向右（从"本地驱动器"窗格向"远程服务器"）拖曳即可上传相应的文件或文件夹。

（8）将文件或文件夹上传到指定位置后，即可通过浏览器查看相应的网页内容。

(9) 使用 CuteFTP 也可以完成远程服务器的文件下载工作,即通过 FTP 登录远程 FTP 服务器,将需要的文件从右侧的过程 FTP 服务器上拖动到左侧的本地驱动器对应的文件夹中,就完成了网站下载的过程。网站备份就是利用 CuteFTP 的这个功能完成的。

7.4　正式发布网站开通信息

网站上传到 Web 服务器后,需要进行网站测试,特别是测试与数据库的连接是否有问题。经网站测试为正常后,就可以对外正式发布网站开通的信息了。

网站开通后需要进行网站推广,以便让更多的人了解并使用网站。

本章小结

本章主要介绍网站测试和网站上传两部分内容。网站测试贯穿于网站建设的始终,一直到网站发布为止。应理解网站测试中涉及哪些人员以及网站测试的类型,包括功能测试、性能测试、接口测试、可用性测试、兼容性测试和安全性测试等具体内容。

网站上传是发布前的工作,利用 CuteFTP 工具可以快速地完成网站上传的任务。

本章习题

(1) 网站测试发生在网站建设的什么阶段?
(2) 网站测试的类型有哪些? 各包括什么内容?
(3) 网站上传有什么样的方法?
(4) CuteFTP 如何使用?
(5) 请将第 6 章第 7 题使用建站工具设计的学院网站进行网站测试和网站上传。

第 8 章

网 站 推 广

网站推广就是以 Internet 为基础,利用信息和网络媒体的交互性来推广网站的一种营销方式。通俗地解释就是让尽可能多的潜在用户了解并访问网站,并通过网站获得有关产品和服务的信息,为最终形成购买决策提供支持。

通过网站推广,能够达到 4 个层层递进的目的:找到目标用户、让目标用户知道、让用户登录网站、让用户认可网站。当前传播常见的推广方式主要是在各大网站推广服务商中通过买广告等方式来实现。免费网站推广包括:SEO 优化网站内容,从而提升网站在搜索引擎的排名;在论坛、微博、博客、微信、QQ 等平台发布信息;在其他热门平台发布网站外部链接等。

8.1 制订网站推广方案

在了解了网站推广的概念后,就可以进行网站推广了。但在进行网站推广之前,应对整个推广工作制订一个计划。一般来说,推广网站的计划可以包括下述内容。

(1) 确定推广方案的阶段目标。

(2) 在不同阶段所采取的推广方法。

(3) 网站推广的费用、人员预算。

(4) 对于推广策略的控制以及效果的评价。

一般来说,制订网站推广方案时,要制订包括时间、实现的目标、分阶段的具体安排、涉及的人员以及费用预算在内的各种具体内容。

8.2　网站推广的常用方法

在制订网站推广方案之前,应了解和学习网站推广的常用方法。在实际推广中,需要对网站推广的方法进行选择与调整,最终达到事半功倍的目的。推广可以选择两种方法:即免费的和付费的网站推广方法。选择什么样的推广方法,应根据公司或个人的实际情况来决定。

比如在淘宝初开网店的人,一般可以选择免费的推广方式,这是降低经营风险,减少资金投入的有效方法。但当网站有了一定数量顾客基础时,也就是说有一定的销售额和利润时,就可以选择付费推广的方式了。

下面介绍一些常用的网站推广的方法。

8.2.1　基于传统媒体的网站推广方法

网站推广虽然是以国际互联网为主要媒体,但并非意味着不能使用传统媒体进行网站推广。而实际上,借助传统媒体(如广播、电视、报纸、杂志等)发布专门的网站推广广告,无疑能在公众中产生最大的影响力。

1. 常见传统媒体的类别

(1) 传统广告。传统广告包括视频广告、音频广告、平面广告(如报纸、杂志等)、户外广告(主要是各种广告牌)等。

(2) 企业形象标识。标识和企业形象认证系统与网络品牌结合起来,形成统一的视觉形象。

(3) 各类可接触式的宣传媒体。其包括各种宣传印刷材料(如宣传小册子、彩色画页等)、产品包装(如纸袋)以及信封、信纸、名片、礼品、饰品等。

调用传统媒体来宣传网站(特别是域名和网站主题)以达到宣传网络品牌的目的,这不仅是一种强化品牌效应,使网络品牌升值的有效方法,更是一种覆盖和传播面更广的品牌传播方法。

2. 传统媒体进行网站推广时应注意的问题

1) 覆盖域

覆盖域是在制订媒体战略、具体选择媒体时的一个重要指标。一般来说,目标市场的消费者在地域分布上是相对集中的,而广告媒体的传播对象也有一定的确定性。如果其覆盖域与目标市场消费者的分布范围完全不吻合,那么选择的媒体就不适用。

如果所选择的媒体覆盖区域根本不覆盖或者只覆盖一小部分或者大大超过目标消费者所在区域就都不适用。只有当媒体的覆盖域基本覆盖目标消费者所在区域或与目标消费者所在区域完全吻合时,媒体的选择才是最合适的。

电视媒体的传播范围是相当广泛的。电视传播所到之处,也就是广告所到之处。但就某一具体的电视台或某一具体的电视栏目或电视广告而言,其传播范围又是相对狭窄的。

电视媒体传播范围广泛,同时也造成传播对象构成复杂。不论性别、年龄、职业、民族、修养等,只要看电视都会成为电视媒体的传播对象,但有些受众不可能成为广告主的顾客。因此,电视媒体的传播范围虽然广泛,但是电视广告对象针对性不强、诉求对象不准确。

广播媒体的覆盖面大,传播对象广泛。由于广播是用声音和语言作为介质的,而不是用文字作为载体传播信息,因此广播适合不同文化程度的广大受众,任何有听力的人都可以接受广播广告信息。因而广播广告的传播对象广泛,几乎是全民性的(包括相当数量的文盲和无阅读能力者)。

报纸的传播范围比较明确,既有国际性的又有全国性的和地区性的,既有综合性的又有专业性的,不同的报纸有不同的发行区域,即不同种类的报纸的覆盖范围各有不同。这种明显的区域划分,给广告主选择媒体提供了方便,因而可以提高广告效果,并避免广告费用的浪费。

2) 到达率

到达率是衡量一种媒体的广告效果的重要指标之一。它是指向某一市场进行广告信息传播活动后,接收广告信息的人数占特定消费群体总人数的百分比。在消费群体总人数一定的情况下,接触广告信息的人数越多,广告到达率越高。

电视、广播、报纸的媒体覆盖域都很广泛,在这些媒体上投放广告,其到达率是比较高的。但是由于广告过多、过滥和广告媒体中广告的随意插播、镶嵌行为导致受众对广告的厌烦心理而躲避广告,造成广告信息到达受众的比率严重下降。传统媒体的到达率已大幅降低。

3) 并读性

并读性是指同一媒体被更多的人阅读或收看(听)。电视、广播、报纸都是并读性较高的媒体。

目前由于网络的普及,使得更多的人离开电视屏幕而走向计算机屏幕,这在一定程度上减少了电视观众,降低了电视的并读性。

报纸的并读性也非常高。据估计,报纸的实际读者至少是其发行量的一倍以上。但由于报纸上的广告不可能占据报纸的重要版面,如果在专门的广告版面发布广告信息,某些广告是很难被注意到的,从而影响广告效果。

广播媒体在其问世初期并读性较强,后来随着多种媒体方式的出现,广播收听人数急剧下降。广播媒体的个人收听并读性下降。

4) 注意率

注意率即广告被注意的程度。

电视广告由于视听形象丰富、传真度高、颜色鲜艳,给消费者留下深刻印象,并易于记忆而使注意率最高。但不同电视台或同一电视台不同时段的注意率又有差异,在具体选择媒体时还应结合企业产品的特点和消费对象进行具体分析和选择。

广播媒体的最大优势是范围广泛。有些节目有一定的特定听众,广告主如果选择在自己的广告对象喜欢的节目前后做广告,效果较好,注意率也较高。但广播媒体具有边工作边行动边收听的特点,广告受众的听觉往往是被动的,因而造成广告信息的总体注意率不高。

报纸媒体覆盖域广，但注意率较低。由于报纸版面众多、内容庞杂，读者阅读时倾向于新闻报道及感兴趣的栏目，如果没有预定目标，或者广告本身表现形式不佳，读者往往会忽略，所以报纸广告的注意率极低。

5）权威性

媒体的权威性对广告效果有很大影响。对媒体的选择应注意人们对媒体的认可度。不同的媒体因其级别、受众群体、性质、传播内容等的不同而具有不同的权威性；从媒体本身看，也会因空间和时间的不同而使其权威性有所差异。

权威性是相对的，受专业领域、地区等各种因素的影响。在某一特定领域有权威的报纸，对于该专业之外的读者群就无权威可言，很可能是一堆废纸。

6）传播性

从现代广告信息的传播角度来分析，广告信息借助电视媒体，通过各种艺术技巧和形式的表现，使广告具有鲜明的美感，使消费者在美的享受中接收广告信息，因此电视对于消费者的影响高于其他媒体，对人们的感染力最强。

广播是听众"感觉补充型"的传播，听众是否受到广告信息的感染很大程度上取决于收听者当时的注意力。仅靠广播词以及有声响商品自身发出的声音是远远不够的，有的受众更愿意看到真实的商品形态，以便更感性地了解商品，这一点广播是无法做到的。

报纸用文字和画面传播广告信息，即使是彩色版，其传真效果和形象表现力也远不如电视、广播感染力是最差的。

7）时效性

电视和广播是最适合做时效性强的广告的媒体，报纸次之。电视由于设备等因素制约，时效性不如广播，但在电台发布广告时会受到节目安排及时间限制。

3. 常用的利用传统媒体进行网站推广方法和策略

（1）传统媒体广告包括报纸、杂志、广播、电视等，在广告中一定要确保展示网站的地址，要将查看网站作为广告的辅助内容，提醒用户浏览网站将获取更多信息。另外，还可以选择在符合网站产品定位的杂志上刊登广告，因为这些杂志具有较强的用户针对性。不论选择哪种方式，一定要让网址出现在广告中明显的位置。

（2）在网站开办初期，利用传统媒体策划一系列的宣传活动，宣传企业的形象、发展战略等，在一定的范围内造成影响。这对参加活动的人来说，印象会比较深刻。

（3）如果是一个传统企业新开办的商务网站，则可以利用企业的原有资源，如商场、企业联盟等进行宣传。

（4）印制宣传品加强宣传。例如，通过在信纸、名片、宣传册、印刷品等印有网址的物品进行宣传，这种方法看似简单，却十分有效。

（5）如果企业具有一定的实力，而且网站具有一定的创意或技术创新，可以使用发布新闻的方式扩大影响。

8.2.2 基于邮件的网站推广方法

邮件是指电子邮件,即平常所说的 E-mail。它是买卖双方在互联网上进行信息交流的一种重要工具。通过 E-mail 进行网络营销,实质上是一种有效的网络广告。

企业网站是收集用户 E-mail 营销资源的一个平台,邮件列表用户的加入通常都是通过设在网站上的"订阅框"进行的。在收集用户的邮件信息时,应注意同时收集用户的爱好偏向,从而为有针对性地开展邮件营销提供有针对性的支持。

基于邮件的网站推广方法主要是指邮件群发。它是指企业将自己的需求、产品供应、合作意向或招聘启事等商业信息通过电子邮件发布到企业或个人信箱中,使更多的企业或个人能够了解网站,从而产生更多的商业交易。虽然人们可能会反感广告邮件,但对于与自己有关的广告邮件,人们还是能够看进去的。

进行邮件群发有两种方法:一种是利用网站的邮件服务器收集用户的电子邮箱地址和兴趣爱好,然后将用户关注的主题的信息以邮件的形式送到用户的邮箱;另一种是利用开发的邮件群发软件将信息一次性发送到所有的用户邮箱中。

使用群发软件时一定要注意邮件主题和邮件内容的书写,很多网站的邮件服务器为过滤垃圾邮件设置了常用垃圾字词过滤,如果邮件主题和邮件内容中包含属于垃圾邮件内容的关键词时,对方的邮件服务器将会过滤掉该邮件,致使邮件不能发送成功。

8.2.3 基于 Web 的网站推广方法

基于 Web 的网站推广有多种方法,下面将详细介绍这些方法。

1. 视频分享推广

视频营销是指企业将各种视频短片以各种形式放到互联网上,达到一定宣传目的的营销手段。

网络视频是"视频"与"互联网"的结合,这种创新营销形式具备了两者的优点,将电视广告与互联网营销两者集于一身。

1) 视频营销的特点

(1) 成本低廉。与电视广告动辄几十万元甚至上百万元的制作投放预算相比,视频广告几千元就可以实现,营销成本大大降低。

(2) 目标精准。广告商在选择的行业垂直网站进行视频广告投放,运用受众定向技术设定投放目标,视频宣达精准的受众人群。

(3) 互动+主动。视频平台互动行为能有效提升用户的活跃度与归属感,在网络视频用户中有 79% 的用户参与过视频平台的互动行为,用户互动参与程度较高。从具体互动行为看,点赞、踩、免费送花在网络视频用户中较为普遍。页面发帖讨论行为占比高于发送弹幕与社交媒体互动讨论行为,说明目前网络视频用户更偏好在平台内进行不影响观看体验的互动行为。

(4) 传播迅速。2012 年 7 月 15 日,鸟叔将他的单曲视频在国外视频分享网站上线后,在全世界迅速走红,包揽了英国、美国、巴西、比利时等 35 个国家 iTunes 单曲榜第一名,在不到半年的时间里,点击量就突破 10 亿次,成为互联网历史上第一个点击量超过

10 亿次的视频。

（5）效果可测。点击、转载、评论等数据让企业视频营销的"每一笔费用都可以找出花在了哪里"。

2）视频营销模式

目前，网络视频营销主要有 4 种模式：广告推送模式、品牌植入模式、病毒传播模式和 UGC 模式。

（1）广告推送模式。广告推送模式是指投放视频贴片广告或视频播放器周边的广告为主的视频广告模式。作为最早的网络视频营销方式，贴片广告可以算是电视广告的延伸，其后的运营逻辑依然是媒介的二次售卖原理。贴片广告直接翻版电视营销模式，显然不能符合用户体验。

广告推送模式包含片头贴片、片尾贴片和暂停贴片。特点是需要付费且费用较高。

（2）品牌植入模式。品牌植入模式是指将品牌或产品价值信息点植入视频短片中，常见的方式是使视频情节、背景与道具等与品牌主张和产品信息高度吻合。这种模式费用较高，适合于资金充足的商家。

品牌植入有以下三种形式。

① 自制剧。它是由视频网站自己录制的网络剧。

② 定制剧。它是由视频网站根据商家品牌定制的网络剧，如全优 7 笑果。

③ 微电影。它是指时长短、投资少、制作周期短的电影。

（3）病毒传播模式。病毒传播模式是一种重要的网络视频营销模式。借助好的视频进行无成本的互联网广泛传播，这方面的成功案例比比皆是。如何找到合适品牌诉求的视频内容是企业和营销人需要重点思考的问题。我们需要做的及能够做到的是在进行视频包装时尽可能使广告更加"可口化""可乐化""软性化"，以便更好地吸引消费者眼球。

（4）UGC 模式。UGC（User Generated Content，用户原创内容）的概念最早起源于互联网领域，即用户将自己原创的内容通过互联网平台进行展示或者提供给其他用户。UGC 是伴随着以提倡个性化为主要特点的 Web 2.0 概念而兴起的，它并不是某一种具体的业务，而是一种用户使用互联网的新方式，即由原来的以下载为主变成下载和上传并重。用户既是网络内容的浏览者，也是网络内容的创造者，如 YouTube、优酷、搜狐视频、bilibili、抖音等，这类网站以视频的上传和分享为中心，更多的是通过共同喜好而结合。

2. 微博推广

微博即微型博客，是开放互联网社交服务。它最大的特点就是集成化和开放化，用户可以通过手机、即时通信软件（如 MSN、QQ、Skype）和外部 API 等途径发布微博消息。国际上最知名的微博网站是 Twitter，HTC、Dell、通用汽车等很多国际知名企业都在Twitter 上进行营销，与用户交互。

目前，国内外著名的微博有 Twitter、Follow 5、大围脖微博客、品品米等。微博推广以微博作为推广平台，每一个听众（粉丝）都是潜在营销对象，每个企业利用更新自己的微型博客向网友传播企业、产品的信息，树立良好的企业形象和产品形象。每天更新内容，与大家交流，或者共同讨论大家感兴趣的话题，都可以达到营销的目的。

3. Blog（博客）推广

博客被称为网络日志,具有"人人可以用来传播自己的观点与声音"的属性。随着博客用户数量的增多,它已经融入社会生活中,逐步大众化,目前已经成为互联网的一种基础服务。随之带来的一系列新的应用,如博客广告、博客搜索、企业博客、移动博客、博客出版、独立域名博客等创新商业模式,日益形成一条以博客为核心的价值链条。

在这个价值链条上,博客网站提供平台,企业博客作者撰写相关营销博客,并通过持续不断的更新获得与公众之间的交互沟通,积累人气,提升企业或企业产品知名度。关注博客的用户称为"粉丝","粉丝"为博客平台的点击量带来持续高涨的注意力。巨大的点击量又吸引广告商,形成良性循环。

博客推广是指发布原创博客帖子,建立权威度,进而影响用户购买。这种推广方式要求是用原创的、专业化的内容吸引读者,培养一批忠实的读者,在读者群中建立信任度、权威度,形成个人品牌,进而影响读者的思维和购买决定。

做好博客推广要注意以下五个方面。

1) 博客营销的目标和定位

博客营销的过程一定要有明确的目标和定位。在确定目标和定位时要注意以下两个基本原则。

(1) 提高关键词在搜索引擎的可见性和自然排名。做好这一项便能与百度竞价广告、Google 关键词广告形成良性互补,从而促进搜索引擎营销。

(2) 通过有价值的内容影响顾客的购买决策。

2) 博客营销的平台选择

博客平台一般有 3 种:独立博客、平台博客、在原有网站开辟博客板块。

(1) 独立博客需要自己准备虚拟主机与域名,投入的成本较大,但企业可以完全控制博客内容。独立博客一旦受到搜索引擎认可,在搜索引擎上的权重会很有优势。

(2) 平台博客是使用博客服务提供商(BSP)提供的免费或者收费的博客空间,这些BSP 多为公司或者非营利性组织,他们免费或者有偿提供的博客服务大多会带有一些广告,用于维持博客服务,包括空间、服务和维护开支。国内著名的 BSP 有新浪博客、百度空间、搜狐博客、网易博客等,国外有 Google Blogger、Windows Live Spaces 等。

选择 BSP 的好处是节省了很多费用,包括域名购买费用、租用虚拟主机等,而且不用操心服务器维护的问题。平台博客选择得合理,可以直接利用其现有的搜索引擎权重优势以及平台本身的人气,在平台内如果获得认可后可能获得成员的极大关注。

(3) 在原有网站开辟博客板块,可以与网站本身形成网络营销以及内容上的互拉互补。

3) 博客推广的内容

内容是进行博客推广的基础,没有好的内容就不可能有高效的博客推广。好的博客内容就是要求内容对顾客要有价值,要真实、可靠。同时要注意一些常用的写作技巧。如产品功能故事化、产品形象情节化、产品发展演绎化、产品博文系列化、博文字数精短化。

4) 博客推广策略

博客推广策略主要有两大类型,即拉式和推式。比如搜索引擎优化(SEO)就是一种拉式;而在论坛发帖就属于推式。制订博客推广策略时要注意以下两点。

（1）文章内容要进行搜索引擎优化。博客的标签本质上就是关键词,系统将相关文章按标签聚合在一起。写博客帖子时选择标签的重要原则是,一定要精确挑选最相关的关键词,千万不要将每个帖子中大量的关键词都列出来。

（2）内部链接和外部链接要区分开。所有博客的侧栏中都有博客圈链接(也称为博客列表),它列出的是博客作者自己经常阅读或已经订阅的,觉得是值得向其他读者推荐的博客。

5）博客推广的沟通与互动

博客具有双向传播性,要善于利用博客的这一特点。

（1）及时关注和回复访客的留言。博主在看别人相关博客文章的过程中,一定会有共鸣或感想。可以在原博客文章中进行留言或在自己的博客中发布新帖子就这个话题进行讨论,如果是发布在自己博客中的新帖,自己的帖子一定要链接到对方博客的原帖上。

（2）采取激励性的措施,如发起活动和提供奖品来刺激大家的参与和留言。

4. 网络社区推广

随着 Web 2.0 技术的高速发展和社区应用的普及成熟,互联网正逐步跨入社区时代。从论坛 BBS、校友录、互动交友、网络社交等新旧社区应用,到社区搜索、社区聚合、社区广告、社区创业、社区投资等社区经营话题,都是令人关注的热点。典型的网络社区有百度贴吧、天涯社区、猫扑大杂烩、西祠胡同、MySpace 交友社区等。

5. 搜索引擎推广

搜索引擎(Search Engine)是指根据一定的策略、运用特定的计算机程序搜集互联网上的信息,在对信息进行组织和处理后,将信息显示给用户,是为用户提供检索服务的系统。搜索引擎通过对互联网上网站进行检索,提取相关信息,建立起庞大的数据库。通过搜索引擎人们可以从海量资源中挖掘出有用信息。

现阶段企业搜索引擎推广主要表现在两个方面:一是对企业网站进行基于搜索引擎优化(SEO),主动登录到搜索引擎网站,力争取得较好的自然排名;二是在国内主流搜索引擎上对关键词付费进行竞价排名推广。

1）搜索引擎优化

搜索引擎优化是一项长期、基础性的网站推广工作。基于搜索引擎优化在技术上主要体现在对网站结构、页面主题和描述、页面关键词及外部链接等内容的合理规划,应遵循以下原则:网站结构尽量避免采用框架结构,导航条尽量不用 Flash 按钮;每个页面都要根据具体内容选择有针对性的标题和富有特色的描述;做好页面关键词的分析和选择工作;增加外部链接。

作为企业网站,搜索引擎结果排名靠前只是一种提升人气的手段,但最重要的还是要将网站内容建设好。

2）关键词竞价排名

竞价排名是对购买同一关键词的网站按照付费最高者排名靠前的原则进行排名,是中小企业搜索引擎推广见效较快的一种方法,其收费方式采用点击付费。关键词竞价排名可以方便企业对用户的点击情况进行统计分析,企业也可以根据统计分析随时更换关键词以增强营销效果,目前这种方式是中小企业利用搜索引擎推广的首选方式。

企业在选择关键词竞价排名时应注意:尽量选择百度、Google 等主流搜索引擎;同时选择 3～5 个关键词开展竞价排名;认真分析和设计关键词。关键词竞价排名显示的结果一般也是简单的网页描述,需要访问者链接到企业网站才能进一步了解企业相关信息,它本身并不能决定交易的实现,只是为用户发现企业信息提供了一个渠道。同 SEO 一样,关键词竞价排名依旧只是手段,最终决定网站发展的还是企业自身的网站建设。

6. 病毒性网站推广

病毒性网站推广并非是以传播病毒的方式进行推广,而是利用用户口碑宣传网站,让要推广的网站像病毒那样传播和扩散,最终达到推广的目的。这种推广方法本质上是在为用户提供有价值的免费服务的同时,附加一定的推广信息,非常适合中小型企业网站。如果应用得当,就可以以极低的代价取得非常显著的效果。

7. 其他推广方法

除了上面所讲到的网站推广方法外,还有一些网站推广方法,如 MSN 推广、链接推广、有奖竞赛、有奖调查等。网站推广方法不是相互独立的,常常是几种方法混合起来使用。

8.2.4　基于移动终端的网站推广方法

移动营销是指利用手机、掌上电脑等移动终端为传播介质,结合移动应用系统所进行的推广活动。移动营销的工具主要包括两部分:一是为开展移动营销的移动终端设备,以手机、掌上电脑为代表;二是移动营销信息传播的载体,如 App、彩信、短信、流媒体等。

1. 移动营销平台所具备的优势

1) 灵活性

移动技术使得企业与员工的行为在营销过程中比较灵活。这种灵活性为企业带来的利益有随时随地掌握市场动态、了解顾客需求、为顾客提供支持帮助。

为顾客带来的利益有随时随地获得企业新闻和资讯、了解新产品的动态、得到企业的支持等。

2) 互动性

手机、掌上电脑平台在"交互性"方面有着其他平台无法比拟的优势。企业不仅可以通过手机、掌上电脑给顾客发送其需要的信息,更可实现意见反馈等多方面的功能。

3) 及时快捷

手机、PDA 信息相对于其他方式来说更为快捷,一是制作快捷,二是发布快捷。虽然信息的发布速度取决于信息的数量和运营商的网络状况,但基本上是在几秒最多几分钟的时间内完成,几乎感觉不到时间差。

4) 到达率高

以其他载体传送的企业信息具有极强的选择性和可回避性,如企业的促销单等宣传信息可能没人看,电视广告可能因消费者的回避而付诸东流,达不到预期的宣传目的。而手机、掌上电脑用户一般随时随地将手机、掌上电脑携带在身边,因而企业信息在移动网络和终端正常的情况下可以直接到达顾客。并且,如果信息发送到有需求的顾客手中,顾客会将其暂时保留,从而可延长信息的时效性。

5) 可监测性

借助移动技术,企业可了解和监督信息是否被有效地发送给目标顾客,企业还可以准确地监控回复率和回复时间,从而为企业提供了监测信息沟通活动十分便捷的手段,这是其他信息传播载体无法与之相比的。

6) 可充分利用零碎时间

手机、掌上电脑可以最方便地把顾客的零碎时间利用起来,并且能够极为快捷地传播信息。每个人在一天中都有很多零碎时间,如候车、在电梯里、在飞机场候机厅、在地铁上、在火车上,借助手机、掌上电脑,顾客可充分利用零碎时间来获取信息。媒体私人化时代到来使得企业营销信息的传递变得随时随地,这也正是移动营销平台的魅力所在。

2. 移动终端营销的主要形式

1) 短信营销

短信广告是目前最流行的手机广告业务,通过短信向用户直接发布广告内容是其主要方式。就目前而言,短信广告仍然在手机广告中占据主要地位。它的形式简单,主要通过简短的文字传播广告信息,可直达广告目标,并且成本低。但短信广告也是最初级的广告形式,极有可能成为垃圾短信,引起客户反感。

2) 彩信营销

彩信最大的特色是支持多媒体功能,能够传输文字、图像、声音、数据等多媒体格式,多种媒体形式的综合作用使得广告效果比较好。但彩信广告需要移动终端的支持,需要用户开通数据业务,运营商对于移动数据业务收取较高的流量费用,导致彩信广告的发送成本及接收成本较高。同时,手机终端标准的不同阻碍了彩信广告的大规模传播。

3) WAP 营销

WAP 广告实质上就是互联网广告在手机终端上的一种延伸,是在用户访问 WAP 站点时向用户发布的广告,类似互联网用户在访问网页时所看到的广告,所不同的是 WAP 网站可以掌握用户的个人信息,如手机号码等,通过分析用户具体身份信息、浏览信息等细分用户类型,以用户数据库为基础定向营销,达到精确营销的目的。

4) App 营销

App 是 Application 一词前 3 个字母的缩写,绝大多数人理解的 App 都指第三方智能手机的应用程序。实际上 App 的范畴远远超出了手机端的范围。用户一旦将 App 产品下载到手机,可以在客户端或在 SNS 网站上查看,那么持续性使用将成为必然,这无疑增加了产品和业务的营销能力。

同时,通过可量化的精确的市场定位技术突破传统营销定位只能定性的局限,借助先进的数据库技术、网络通信技术及现代物流等手段保障与顾客的长期个性化沟通,使营销达到可度量、可调控等精准要求。

另外,移动应用能够全面地展现产品的信息,让用户在购买产品前感受产品的魅力,刺激用户的购买欲望。

移动应用可以提高企业的品牌形象,让用户了解品牌,进而提升品牌实力。良好的品牌实力是企业的无形资产,为企业形成竞争优势。

3. 微信营销

微信是腾讯公司推出的一个为智能手机提供即时通信服务的免费应用程序。它不仅支持语音短信及文字短信的交互,用户还能通过 LBS(基于用户位置的社交)搜索身边的陌生人与其互动,从而打破熟人社交的固化模式,将身边的人集中在一个平台中进行互动,极大地颠覆了传统社交渠道。通过微信开展网络营销已经越来越受到人们的重视和使用。

通过微信开展网络营销,主要是借助微信的各项功能,锁定潜在客户群聚集地,利用微信营销系统向潜在客户群即时发送文字、图片、音频、视频等信息。微信营销正逐步提升传统的手机营销模式,将原来的短信海量群发模式逐步升级为交互性的营销行为,常用的微信营销方式有以下五种。

(1)用户通过单击"查看附近的人"后,根据用户的地理位置查找到周围微信用户,在这些附近的微信用户中,除了显示用户的基础资料外,还会显示用户签名档的内容,商家可以注册微信账号,在个性头像设置中上传产品的相关照片或广告,这种免费的广告位对于商家来说就是免费的广告,如果遇到有需求的买家就能够借助微信在线进行交流和交易。

(2)商家在微信上建立公众号,通过这一平台,个人和企业都能创建一个微信的公众号,并可以群发文字、图片、语音 3 个类别的内容。微信公众平台主要是面向名人、政府、媒体、企业等机构推出的合作推广业务。

在这里可以通过渠道将品牌推广给平台的用户。用户在看到的某个精彩内容(如一篇文章、一首歌曲),就可以通过微信的"分享给微信好友"或"分享到微信朋友圈"分享给自己的好友,从而在微信平台上实现和特定群体的文字、图片、语音的全方位沟通和互动,最终达到推广的目的。

公众号平台通过一对一的关注和推送,可以向"粉丝"推送包括新闻资讯、产品信息、最新活动等消息,甚至能够完成包括咨询、客服等功能。如图 8-1 所示为当当童书的公众号,在这个公众号里每天会介绍一些儿童的新书或者选书的知识及作者、出版社的一些新动态,有时也会有些赠书活动或发放优惠券,从而吸引大量的当当用户。

(3)利用微信的二维码。当用户把二维码图案置于微信的取景框内执行二维码扫一扫功能时,用户就可以通过二维码直达要宣传推广的网站。

一个网站地址、一个 QQ 群、一个博客地址都可以用软件直接生成二维码,由于微信用户众多,这种推广方式目前已经使用得非常频繁。

(4)利用微信的漂流瓶功能进行推广。漂流瓶有以下两个功能。

①"扔一个"。用户可以选择发布语音或者文字然后投入大海中,如果有其他用户"捞"到则可以展开对话。

②"捡一个"。"捞"大海中无数个用户投放的"漂流瓶","捞"到后也可以和对方展开对话,但每个用户每天只有 20 次机会。

图 8-1　当当童书的公众号

商家可以通过微信后台对"漂流瓶"的参数进行更改,即商家可以在某一特定的时间抛出大量的"漂流瓶",普通用户"捞"到的频率也会增加。加上"漂流瓶"模式本身可以发送不同的文字内容,甚至语音小游戏等,能产生不错的营销效果。而这种语音的模式让用户感觉更加真实。

(5)利用微信的发红包功能。商家可以利用微信向用户发送红包,吸引大量用户关注商家的微信号,通过这种方式可以迅速地聚集大量的人气,从而为营销工作提供基础。

4. QQ 推广

QQ 推广是利用腾讯的 QQ 聊天工具,通过 QQ 好友、QQ 空间或 QQ 群进行网络推广。QQ 软件既可以运行在计算机中,也可以运行在平板或手机中。QQ 空间本质上是一个博客,但 QQ 空间与博客不同的是关注 QQ 空间的"粉丝",一般就是 QQ 好友。使用 QQ 好友推广本质上与使用 QQ 群推广并无实质的区别。使用 QQ 群推广有以下两种方法。

(1)在 QQ 群中,直接发送推广的群消息。具体步骤如下。

① 注册 QQ 账号,利用 QQ 的"查找群"功能找到目标客户群,然后加入该 QQ 群。

② 在 QQ 群成员中收集群员的 QQ 邮箱,发送网站推广的邮件(可以发到群员本人的邮箱,也可以发送群邮件)。

③ 在群中直接发送网站推广的群消息。

（2）直接建立 QQ 群。在 QQ 群里开展各种活动，聚集大量的人气，从而进行网站推广。

如图 8-2 所示的是新教育研究所建立的用于推广其教育理念、宣传其网站的部分 QQ 群清单。通过自建的 QQ 群，新教育研究所开展大量的教育专题讲座，吸引了全国大量的家长，进而很好地宣传了他们的研究成果，扩大了本单位的知名度，增加了其官方网站的浏览量和注册用户数量。

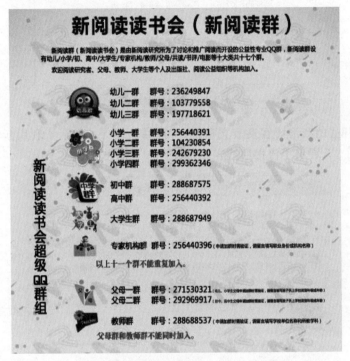

图 8-2　新教育研究所建立的 QQ 群清单

 实训 8-1

使用 Web 方式进行网站推广

【实训目的】

（1）理解网站推广的概念。

（2）掌握网站推广的方法。

【知识点】

针对"亲子有声阅读交流网"，采用微博、博客、QQ 群等方式进行网站推广。

【实训准备】

已经发布的网站。

【实训步骤】

（1）进入新浪博客 http://blog.sina.com.cn/，注册新浪博客的账号，创建（开通）博客，如图 8-3 所示，需要设置博客的名称。

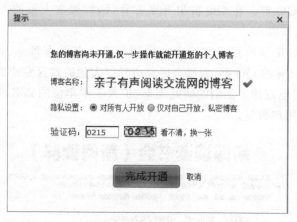

图 8-3   开通新浪博客

（2）利用开通的新浪博客发表文章，推广网站。图 8-4 展示了利用新浪博客与粉丝互动的情景，图 8-5 展示了该推广博客的首页。

图 8-4   利用新浪博客互动示例

图 8-5   博客首页示例

（3）使用新浪的账号直接登录微博 http://weibo.com/，利用微博发送文章，进行网站推广。如图 8-6 所示为微博发表文章的地方。如图 8-7 所示的是微博当前的粉丝信息状况。

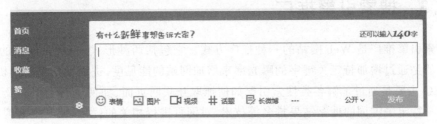

图 8-6　利用新浪微博进行网站推广

图 8-7　微博粉丝情况信息

（4）直接建立 QQ 群，进行网站推广，建立的 QQ 群如图 8-8 所示。

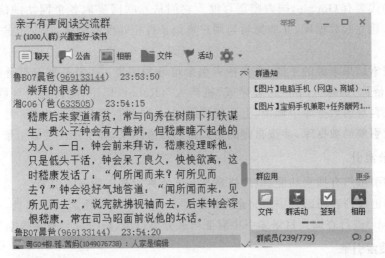

图 8-8　利用 QQ 群进行网站推广

注意：推广要讲究策略，不要直接打广告，而是要通过发布有价值的文章或举办有意义的活动吸引人气，然后将广告巧妙地穿插进来。

8.3 搜索引擎推广

搜索引擎推广是 Web 网站的一种推广方式。它包括两种形式，一种是网站的 SEO，主要目的是通过增加特定关键字的曝光率来增加网站的能见度，进而增加销售的机会。

SEO 主要是通过了解各类搜索引擎如何抓取互联网页面、如何进行索引以及如何确定对某一特定关键词的搜索结果排名等技术，对网页进行相关的优化，使其提高搜索引擎排名，进而提高网站访问量，最终提升网站的销售能力或宣传能力。

另外一种利用搜索引擎推广的方法就是使用付费竞价排名，网站付费后才能被搜索引擎收录，付费越高者排名越靠前，从而提升企业网站的能见度。

8.3.1 搜索引擎工作原理

搜索引擎的工作原理是每个独立的搜索引擎都有自己的网页抓取程序(Spider)。Spider 顺着网页中的超链接，连续地抓取网页。被抓取的网页称为网页快照。由于互联网中超链接的应用很普遍，理论上，从一定范围的网页出发，就能搜集到绝大多数的网页。

搜索引擎抓到网页后，还要做大量的预处理工作，才能提供检索服务。其中，最重要的就是提取关键词，建立索引文件。其他还包括去除重复网页、分析超链接、计算网页的重要度。当用户输入关键词进行检索时，搜索引擎从索引数据库中找到匹配该关键词的网页，同时，为了用户便于判断，除了网页标题和 URL 外，还会提供一段来自网页的摘要以及其他信息。

搜索引擎一般分为以下三类。

1. 全文搜索引擎

国外的代表有 Google，国内则是百度。它们从互联网提取各个网站的信息(以网页文字为主)，建立起数据库，并能检索与用户查询条件相匹配的记录，按一定的排列顺序返回结果。

根据搜索结果来源的不同，全文搜索引擎可分为两类：一类是拥有自己的检索程序(Indexer)，俗称"蜘蛛"(Spider)程序或"机器人"(Robot)程序，能自建网页数据库，搜索结果直接从自身的数据库中调用，上面提到的 Google 和百度就属于此类；另一类则是租用其他搜索引擎的数据库，并按自定的格式排列搜索结果，如 Lycos 搜索引擎。

2. 目录索引

目录索引虽然有搜索功能，但严格意义上不能称为真正的搜索引擎，只是一个按目录分类的网站链接列表而已。用户完全可以按照分类目录找到所需要的信息，不依靠关键词(Keywords)进行查询。目录索引中有亚马逊分类目录、新浪分类目录搜索等。

3. 元搜索引擎

元搜索引擎是接收用户查询请求后，同时在多个搜索引擎上搜索并将结果返回给用户。

8.3.2　竞价排名方法

中文搜索引擎百度、一搜等都采用了竞价排名的方式。

竞价排名的基本特点是按点击付费,广告出现在搜索结果中(一般是靠前的位置)如果没有被用户点击,不收取广告费,在同一关键词的广告中,支付每次点击价格最高的广告排列在第一位,其他位置同样按照广告主自己设定的广告点击价格来决定广告的排名位置。

1. 竞价排名的特点和主要作用

(1) 按效果付费,广告费用相对较低。

(2) 广告出现在搜索结果页面,与用户检索内容高度相关,增加了广告的定位程度。

(3) 竞价广告出现在搜索结果靠前的位置,容易引起用户的关注和点击,因而效果比较显著。

(4) 搜索引擎自然搜索结果排名的推广效果是有限的,尤其对于自然排名效果不好的网站,采用竞价排名可以很好地弥补这种劣势。

(5) 广告主可以自己控制广告价格和广告费用。

(6) 广告主可以对用户点击广告情况进行统计分析。

2. 竞价排名产品的流程

(1) 选择平台。目前国内的搜索引擎工具主要是百度。

(2) 找服务商或者代理商。使用搜索平台可以直接找服务商或其分公司,也可以通过电话询问企业所在地是否有代理商,通过他们进行产品购买。不要使用没有产品销售资格的组织机构购买,否则一旦出现纠纷,企业的权益将无法得到保证。

(3) 开户费用。竞价排名的产品主要采用的是“预付款扣除”的付费方式,简单来说就是开设一个账户,企业首先缴纳一定的费用,然后根据每次点击设定的费用,服务商从企业账户中扣除。

(4) 自我管理或者委托管理。当开户完成后,服务商或者代理商会交给企业一个管理平台,企业可以通过管理平台选择自己所要投放的关键词,并可以看到同一关键词上其他竞争企业设定的点击价格,与之对照来设定自己的点击价格。

企业将依靠这个平台进行搜索引擎竞价工作,包括价格调整、关键词调整、效果分析等。当然,企业也可以委托服务商或者代理商为自己进行平台的管理和运作。

(5) 充值和停止服务。当企业账户中的款项即将消耗完毕时,服务商或者代理商会及时提醒企业进行充值。企业也可以根据效果的判断决定是否继续充值或者终止这项服务。

3. 在竞价排名中需要注意的技巧和误区

1) 关键词的选择

竞价排名的产品内容和效果是以关键词为导向的,因此关键词的选择是否合理,会影响整个产品的使用和结果。在关键词选择时,有以下四点因素可作为参照的标准。

（1）关键词要和自身网站（或者营销）内容相关。关键词和网站内容无关将会造成网站推广的效果不理想。

（2）把握好关键词的"冷热度"。不要选择过于热门的词语，这会造成在个别词语上的激烈竞争，从而增大竞价成本；也不要选择过于冷门的词语，这样会白花钱而无人去搜索。

（3）多选择一些普通的关键词。对于刚刚建立的企业网站，搜索引擎的关注度很低，所以自然排名的结果也不很理想，这时企业可以对搜索引擎使用者可能输入的词语进行分析（有专业机构或者工具辅助最好），来提高在更多的普通词语搜索结果中的排名，这样既能使得自己的网站被搜索引擎尽快关注到，又不会有过多的费用支出。

2）位置的选择

很多企业在选择位置时，总会希望自己能排在前三位或者前五位。但实际上对于搜索引擎的使用者来说，他们往往不会只选择一个网站进行信息采集和浏览，他们首先会对搜索结果首页的网站内容进行一个简单的对比，其后会多打开几个网站进行对照，所以，没有必要要求自己的位置过于靠前。特别是在一些很热门的关键词上，只会提高竞价成本。建议保持在首页就可以了。

3）价格的设定

前面说过关键词热门程度的把握和位置的选择，其目的就是让企业不至于把过多的精力和财力放在价格的设定上。很多企业为了省事，往往会对选择的关键词设定一个较高价格，或者没来得及及时调整价格，以至于出现极大的浪费和损失。

因为当产生竞价时，服务商是按照后一位竞价企业给关键词设定的价格为基数，再加上最低竞价金额来收费的，所以只要后一位企业恶意操作，就可以提高竞价价格，给前一位企业造成浪费。

4）排名不仅仅靠的是竞价

比如谷歌和百度的竞价排名位置除了按照所出的价格作为参考依据之外，还要根据网站被搜索者关注的程度，即同样的竞价价格，可能有的网站就会排在前面，这就是因为排在前面的网站更受搜索者喜爱。所以网站的内容建设一定要引起企业重视。

8.3.3　搜索引擎优化方法

1. 影响搜索引擎排名的常见因素

影响排名的常见因素有服务器、网站的内容、title 和 meta 标签设计、网页的设计细节、URL 路径、网站链接结构和反向链接。

1）服务器因素

（1）服务器的速度和稳定性。

（2）服务器所在的地区分布。

2）网站的内容因素

（1）网站的内容要丰富。

（2）网站原创内容要多。

（3）用文本来表现内容。

3）title 和 meta 标签设计因素

（1）title 和 meta 的长度要控制合理。

（2）title 和 meta 标签中的关键词密度要合适，一般在 3％～5％内为宜，不要刻意追求关键字的堆积；否则会触发关键字堆砌过滤器（Keyword Stuffing Filter）造成的后果。

4）网页的设计细节因素

（1）大标题要用< hl >。

（2）关键词用< b >加粗。

（3）图片要加上 alt 注释。

5）URL 路径因素

（1）二级域名比栏目页具备排名优势。

（2）栏目页比内页具备排名优势。

（3）静态路径比动态路径具备优势。

（4）英文网站的域名和文件名最好包含关键词。

6）网站链接结构因素

（1）导航结构要清晰明了。

（2）超链接要用文本链接。

（3）各个页面要有相关链接。

（4）每个页面的超链接尽量不要超过 100 个。

7）反向链接因素

反向链接是指 A 网页上有一个链接指向 B 网页，那么 A 网页就是 B 网页的反向链接。反向链接的质量和数量将影响网站关键词的排名。

2. 常见的 SEO 策略

SEO 技术很重要，不过想要得到非常好的 SEO 效果，SEO 策略比 SEO 技术更加重要，因为 SEO 策略决定 SEO 的效果。

1）关键词选择的策略

（1）门户类网站关键词选择策略。网站每个页面本身都使用关键词。这样 SEO 突出庞大数量的关键词。

（2）商务类网站关键词选择策略。不要追求网站定位的热门关键词，核心应该放到产品和产品相关的组合词。比如酒店机票预订行业，如果只排机票预订、酒店预订，则带不来多少流量，应该考虑的是以下这类词：

城市名＋酒店（如北京酒店预订）

城市名＋机票（如北京机票预订）

城市名＋城市名＋机票（如北京到广州机票预订）

（3）企业网站关键词选择策略。不要盲目把自己公司的名称当作关键词。企业要根据自己潜在客户的喜好，去选择最适合自己的关键词。这个可以借助相关的工具来挖掘。

（4）借助关键词选择工具。关键词选择工具有百度指数（http://index.baidu.com）、

Google 关键词工具(https：//adwords.google.cn/select/KeywordToolExternal.Google)。

2) 网站结构优化策略

关键词选择好后应采取一些网站结构优化策略。如为热门关键词重新制作专题页面。

3) SEO 的执行策略

SEO 的执行策略需要根据网站的技术团队和营销团队的实际情况来制订,这时就需要从项目管理的角度来规划,制订出一个合理的从网站策划、网站运营、网络营销的角度做 SEO 的计划。

3. 新网站使用 SEO 的具体方法

(1) 结合自身网站内容寻找一些关键词(不要找热门关键词),在百度、Google 中搜一下,如果搜索结果中出现的全是网站主页,就放弃;如果大部分都是内页,这个关键词则可以用。

(2) 找到排名前三位的网站,把它们的 title、description 复制下来,整理成适合自己的,一定要比原来的网页排布更优秀、更合理,之后做好超链接。

(3) 新站基本都没外链接,也无法控制,可以暂时放弃,但内链接是可以控制的。做内链接最重要的指标是网站各个链接不出现死链接,能相互精准链接。

(4) 适当主动提交到搜索引擎入口、交换同类型的友情链接,优化网站最好是先建站再优化,最后推广。

(5) 网站不要频繁修改,如 title、description 频繁更换,百度会暂时停止该网站的快照更新,等它重新计算网站权重,再开始更新快照,并调整搜索结果排名,至少会有一周的时间。

4. 搜索引擎优化的优点与不足

1) 搜索引擎优化推广的优点

(1) 自然搜索结果在受关注度上要比搜索广告更占上风。这是由于和竞价广告相比,大多数用户更青睐于那些自然的搜索结果。

(2) 建立外部超链接,让更多站点指向自己的网站,是搜索引擎优化的一个关键因素。而这些超链接本身在为网站带来排名提升,从而带来访问量的同时,还可以显著提升网站的访问量,并将这一优势保持相当长时间。

(3) 能够为客户带来更高的投资收益回报。

(4) 网站内容的优化可改善网站对产品的销售力度或宣传力度。

(5) 完全免费的访问量。

2) 搜索引擎优化的不足

(1) 搜索引擎对自然结果的排名算法并非一成不变,而一旦发生变化,往往会使一些网站不可避免地受到影响。因而 SEO 存在着效果上不够稳定,而且无法预知排名和访问量的缺点。

(2) 由于不但要寻找相关的外部超链接,同时还要对网站从结构乃至内容上精雕细琢(有时须做较大改动)来改善网站对关键词的相关性及设计结构的合理性。而且无法立见成效,要想享受到优化带来的收益,往往可能需要等上几个月的时间。

(3)搜索引擎优化最初以低成本优势吸引人们眼球,但随着搜索引擎对其排名系统的不断改进,优化成本也越来越高。

如果公司的经济状况能够负担竞价广告的开销,那么竞价广告可以其见效奇快而被列为首选。对于广告预算比较受限制的公司,则可把搜索引擎优化作为搜索引擎营销的首选。

 **实训 8-2**

对网站进行搜索引擎优化

【实训目的】

(1)了解 SEO 的作用。

(2)掌握在 Kooboo CMS 创建的网站中进行 SEO 的方法。

【知识点】

Kooboo CMS 工具提供了网页的 SEO 功能。

【实训准备】

已经发布的网站。

【实训步骤】

在 Kooboo CMS 系统中,选中需要进行搜索引擎优化的页面,单击"编辑"按钮,得到如图 8-9 所示页面。在 HTML META 标签中,找到 Canonical 和自定义 meta 项,可以通过在这两个地方设置关键词来优化搜索引擎。

编辑页面 : books

设计器	设置	导航	HTML META	URL路由

HTML 标题

> 页面标题
> 使用API: @Html.FrontHtml().HtmlTitle()可以访问其值

Canonical

> Used in SEO, see: http://googlewebmastercentral.blogspot.com/2009/02/specify-your-canonical.html

作者

关键字

描述

自定义meta +

> Custom fields for HTML meta values

图 8-9 利用 Kooboo CMS 进行网站 SEO 优化

 实训 8-3

提交网站到亚马逊分类目录

【实训目的】

(1) 了解公共开源目录的作用。

(2) 掌握使用亚马逊分类目录进行网站推广的方法。

【知识点】

亚马逊分类目录是世界知名的分类目录收录网站,相应地,将新发布的网站提交到亚马逊分类目录成为网站推广的一个重要的方法。

【实训准备】

已经发布的网站。

【实训步骤】

(1) 登录亚马逊分类目录网站 http://www.dmoz.org/,其界面如图 8-10 所示。

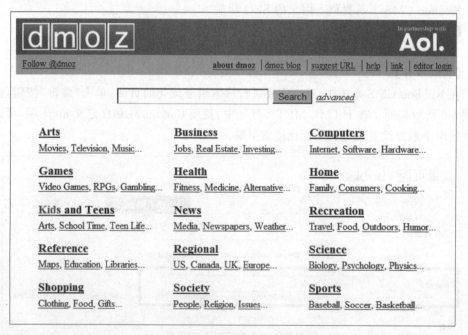

图 8-10　亚马逊分类目录网站首页

(2) 选择分类目录。

由于示例网站是一个有关儿童故事教育和交流的网站,在这里应选择 Kids and Teens→Teen Life→Chats and Forums。

(3) 在进入对应的分类目录后,单击 suggest URL 链接,如图 8-11 所示。

(4) 进入登录网站界面,按要求填写网站的相关信息。下面是填写选项的说明。

① Site URL:要提交的网站网址。

② Title of Site:提交网站的网站标题。标题应简短适合。

图 8-11 suggest URL 操作位置

③ Site Description：网站说明，不少于 150 字，具体客观地说明将会加快网站登录的处理速度。

④ Your E-mail Address：联系用的电子邮箱地址。要填写真实的邮箱。网站被 dmoz 审核通过后会发送邮件到电子邮箱地址。

⑤ User Verification：用户核查。填写图片中的验证码以确定填写的内容。

（5）在申请亚马逊分类目录收录时，应注意以下信息。

① 网站要有内容，而且和登录的目录要相符合。

② 网站上的联系方式如 E-mail，尽量和 dmoz 填写的信息一致，这样会提高审核通过率。

③ 登录时不要用"最好"和"大约"这样的词，应如实描述网站。

④ 保证网站可以打开。dmoz 编辑程序会对网站进行定期检查，如果网站无法访问，编辑区会显示"错误网站"，所登录的网站信息就会被 dmoz 自动删除。

 **实训 8-4**

提交网站到搜索引擎

【实训目的】

（1）了解上网导航和百度等网站的作用。

（2）掌握使用上网导航、百度网站进行网站推广的方法。

【知识点】

百度是国内最大的搜索引擎，hao123 是一家上网导航网站，现已被百度收购，属于百度旗下的上网导航网址，它及时收到音乐、视频、小说及游戏等热门分类，与百度搜索完美地结合，提供最简单、便捷的网上导航服务。利用它们可以进行网站推广。

【实训准备】

已经发布的网站。

【实训步骤】

（1）登录 hao123.com 网址 http://www.hao123.com，然后滚动到 hao123 首页的最底端，单击"关于 hao123"链接，可以看到左侧类目中有个"收录申请"链接，如图 8-12 所示。

（2）在收录申请页中的收录申请提交信息中填写相关的网站信息，如图 8-13 所示（说明见右侧），然后单击"提交"按钮即可。

① 推荐网址：填写需要登录的网址。

② 网站名称：填写登录网站的名称。

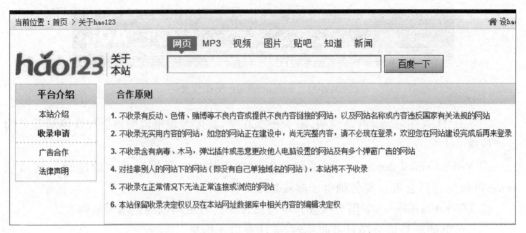

图 8-12   hao123 收录申请页面

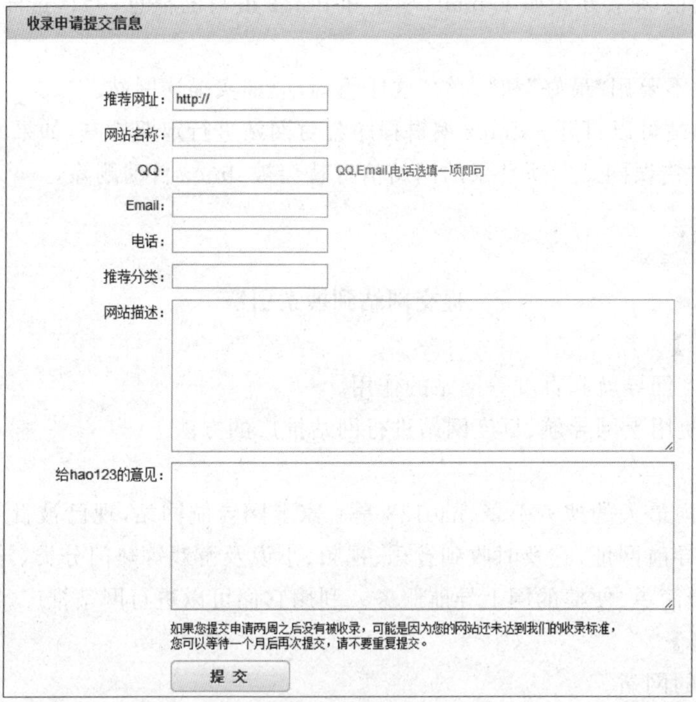

图 8-13   hao123.com 收录申请提交信息页

③ 联系方式：选填项。

④ 推荐分类：先在 hao123 上查看分类,然后根据自己的网站分类填写。

⑤ 网站描述：填写自己网站的描述信息,使用户能从描述中了解到网站的主题。

（3）百度注册网站的网址为 http://www.baidu.com/search/url_submit.html,如图 8-14 所示。

（4）在输入文本框内填入网站的网址,进行提交即可。

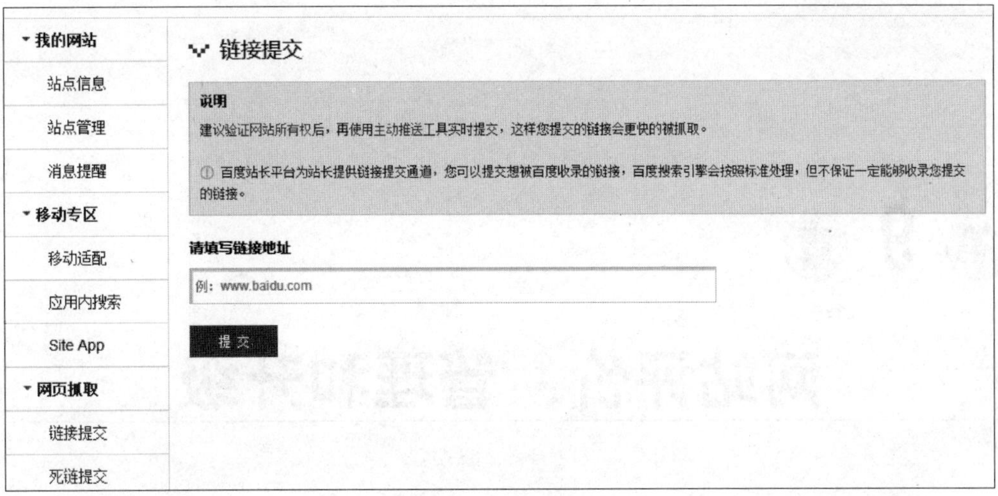

图 8-14　百度注册网址

本章小结

本章主要介绍了网站推广的概念和方法。在网站推广前，应在网站策划阶段就制订出网站推广的方案。网站推广的方法有采用传统媒体（如广播、电视、报纸、杂志等）进行网站推广的线下推广方法，也有利用邮件、博客、微博、视频分享、网络社区、搜索引擎、微信、QQ 等线上推广方式。

无论使用哪种推广方式，其最终目的都是让尽可能多的潜在用户了解并访问自己的网站，并通过网站获得有关产品和服务的信息。

搜索引擎优化是网站推广中一项非常重要的工作。网站推广的效果可通过 9.1 节中网站流量统计与分析进行评价和检测。

本章习题

（1）什么是网站推广？

（2）网站推广有哪些方法？

（3）什么是 SEO？如何进行 SEO？

（4）请将第 7 章第 5 题上传并发布的学院网站选择适当的方式进行网站推广。

第 **9** 章

网站评价、管理和升级

学习目标

➤ 掌握网站流量统计与评价的指标和工具。

➤ 了解网站管理与维护的管理制度。

➤ 了解网站防黑客技术和防病毒技术。

➤ 了解网站升级的原因和内容。

掌握将网站提交到分类目录和搜索引擎的方法。对于一个网站而言,不是制作一次就完成了。由于互联网的发展状况不断地变化,网站的内容也需要随之调整,以便给人新鲜的感觉,这样网站才会给用户留下良好的印象,不断地吸引访问者。

这就要求网站管理者经常收集访问者对网站的评价,对网站长期不断地进行维护和更新,特别是在网站推出新产品、新服务项目内容、有较大变动时,都应该把状况及时在网站上反映出来,以便让访问者及时地了解详细状况。网站也可以及时得到相应的反馈信息,以便做出合理的处理。

9.1 网站的评价和统计

在网站运营过程中,网站管理方应对网站的使用情况进行充分的了解,包括通过用户对网站的反馈信息了解用户对网站的真实评价;通过网站流量、搜索引擎排名等统计数据了解网站真实的使用状况。

9.1.1 网站使用者的反馈信息

网站管理方要想获知用户对网站真实的评价,必须通过网站用户对网站使用情况的反馈信息才能获知。一般可以在网站某处建立用户使用反馈信息表、定期给用户发送反馈信息邮件,或者通过即时通信聊天工具与用户进行交流等形式来了解用户对网站的评价,得到网站的不足之处,从而对网站进行修改,提高网站对用户的吸引力。

9.1.2 网站使用情况统计与分析

调查网站访客,得到他们的反馈信息是一种主动的调查方式。此外,网站管理方还可以通过客观的网站统计数据进行分析,得到网站运作的真实情况。主要包括以下几方面内容。

1. 网站搜索排名

网站搜索排名主要是通过搜索引擎对关键词进行检索而得到的。在第 8 章讲过关于 SEO 的问题,正确选择网站关键词正是提高网站搜索排名的一个重要工作。此外,在使用网站推广策略时,如使用博客、QQ 群、微博、微信等手段时,一定要在推广的文章中添加网站的网址链接,并尽量使用网站的关键词,这样才能有利于网站的搜索引擎排名。

2. 网站流量统计与分析

网站流量统计是一种可以准确分析访客来源的辅助工具,以便网站管理方根据访客的需求增加或修改网站栏目和内容,从而提升网站的转换率和网站流量。

网站流量统计主要实现以下功能。

(1) 精确统计访客的具体来源地区和 IP 地址。

(2) 精确统计目前网站在线人数,每位访问者访问了哪些页面及在每个页面的停留时间。

(3) 精确统计访客是通过哪些页面搜索关键词访问了哪些页面。

(4) 精确统计访客所使用的操作系统及版本号以及显示分辨率。

(5) 精确统计访客所使用的浏览器及其版本号。

(6) 精确统计网站的粘贴率、回头率及被浏览的页面数。

(7) 精确统计网站的分时统计、分日统计、分月统计、分季统计、实时统计在线访问页面情况。

获取网站访问统计资料通常有两种方法:一种是通过在自己的网站服务器端安装统计分析软件来进行网站流量监测;另一种是采用第三方提供的网站流量统计与分析服务。第二种方法是实现网站统计最简便的方式。

提供第三方网站流量统计与分析服务的软件有多种,如百度统计、站长统计及量子恒道统计等。

3. 网站流量统计与分析的指标

网站流量统计与分析为优化网站提供数据支撑。

网站流量统计对网站有以下作用。

(1) 及时调整掌握网站推广的效果,减少盲目性,以便对网站做出准确调整。

(2) 分析各种网络营销手段的效果,为制订和修正网络营销策略提供依据。

(3) 了解用户访问网站的行为,为更好地满足用户需求提供支持。

(4) 帮助了解网站的访问情况,提前应对系统和数据库负载问题。

(5) 根据监控到的客户端访问信息来优化网站设计和功能。

(6) 通过网站访问数据分析进行网络营销诊断,对各项网站推广活动进行效果分析,网站优化状况诊断等。

网站流量分析是指在获得网站访问量的基本数据的情况下，对有关数据进行分析，从中发现用户访问网站的规律，并将这些规律与网络营销策略等相结合，从而发现目前网络营销活动中可能存在的问题，为进一步修正或重新制订网络营销策略提供依据。

网站访问统计分析的基础是获取网站流量的基本数据，这些数据大致可分为三类，每类包含若干数量的统计指标。

1）网站流量指标

网站流量指标常用来对网站效果进行评价。这些指标包括以下方面。

（1）独立访问者数量（Unique Visitors，UV）：指访问某个站点的不同 IP 地址的数量。在同一天内，UV 只记录第一次进入网站的具有独立 IP 的访问者，在同一天内再次访问该网站则不计数。独立 IP 访问者提供了一定时间内不同观众数量的统计指标，而没有反映出网站的全面活动。

（2）重复访问者数量（Repeat Visitors，RV）：指访问某个站点时，同一个 IP 地址访问的数量。

（3）页面浏览量（Page Views，PV）：用户每一次对网站中的每个网页访问均被记录 1 次。用户对同一页面的多次访问，访问量累计。

（4）每个访问者的页面浏览量（Page Views Per User，PVPU）：这是一个平均数，即在一定时间内全部页面浏览数与所有访问者相除的结果，即一个用户浏览的网页数量。这一指标表明了访问者对网站内容或者产品信息感兴趣的程度。

（5）页面显示次数：在一定的时间内页面被访问的次数。

（6）文件下载次数：某个文件被用户下载的次数。

2）用户行为指标

用户行为指标主要反映用户是怎么来到网站的，在网站上停留了多长时间以及访问了哪些页面等。其主要的统计指标包括以下方面。

（1）用户在网站的停留时间。

（2）用户所使用的搜索引擎及其关键词。

（3）用户来源网站（也称为引导网站）。

（4）在不同时段的用户访问量情况。

3）用户浏览网站的方式

用户浏览网站的方式是指用户通过哪些工具和浏览器访问网站。其主要指标有以下几个。

（1）用户上网设备类型。

（2）用户浏览器的名称和版本。

（3）用户的显示器分辨率。

（4）用户所使用的操作系统名称和版本。

（5）用户所在地理区域分布状况。

通过对网站的流量统计和分析，可以更加有效地了解访问者需要什么样的信息，从而对网站做出正确的调整，使网站的价值得到提升。

实训 9-1

使用量子恒道进行网站流量统计

【实训目的】

（1）了解量子恒道的用途。

（2）通过量子恒道统计掌握网站流量统计的数据意义。

【知识点】

量子恒道统计是一套免费的网站流量统计分析系统，可以为站长、博主、网站管理者等用户提供网站流量监控、统计、分析等专业服务。量子恒道统计通过对大量数据进行统计分析，找到用户访问网站的规律，并结合网络营销策略，提供运营、广告投放、推广等决策依据。像淘宝为其店铺经营者提供数据分析和统计的工具就是量子恒道。

【实训准备】

正式发布投入使用的网站。

【实训步骤】

（1）登录 http://www.linezing.com/ 网站，进入量子恒道网站首页，如图 9-1 所示。

图 9-1　量子恒道网站首页

（2）在量子恒道网站上注册一个账户。注册成功后页面如图 9-2 所示。

图 9-2　开通量子恒道统计账户

（3）在图 9-2 中单击"添加网站"链接，填写如图 9-3 所示的网站相关信息后（注意带 * 号的项目是必填项），单击"提交"按钮。

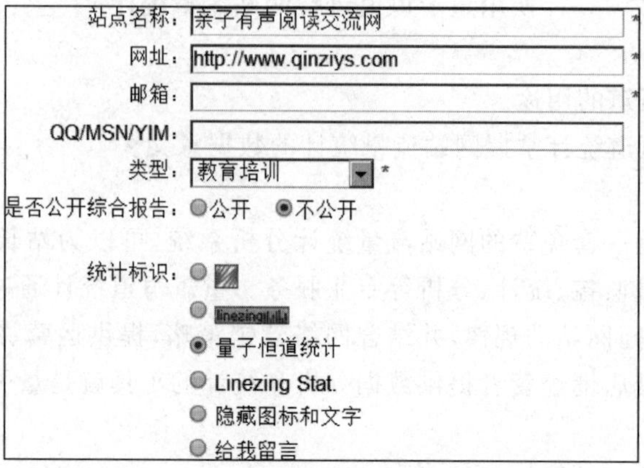

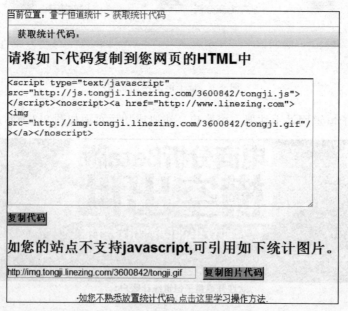

图 9-3　在量子恒道上添加网站信息

（4）此时量子恒道生成了统计代码，如图 9-4 所示。可以采用"添加统计代码"或"引用图片统计"两种方法进行统计。前者需要将复制到的统计代码嵌入自己网站页面的 html 代码中</body>之前，后者则应将复制到的引用图片地址嵌入网站的页面中，以完成统计代码部署。

当前位置：量子恒道统计 > 获取统计代码

获取统计代码：

请将如下代码复制到您网页的HTML中

```
<script type="text/javascript"
src="http://js.tongji.linezing.com/3600842/tongji.js">
</script><noscript><a href="http://www.linezing.com">
<img
src="http://img.tongji.linezing.com/3600842/tongji.gif"/
></a></noscript>
```

复制代码

如您的站点不支持javascript,可引用如下统计图片。

http://img.tongji.linezing.com/3600842/tongji.gif　　复制图片代码

·如您不熟悉放置统计代码,点击这里学习操作方法.

图 9-4　生成统计代码

（5）开始统计后，量子恒道用户在控制面板页面中可以看到网站的大致情况，如 PV、UV 和 IP 等。单击详细数据可以查看网站流量的详细数据，如图 9-5 所示。

详细数据的分类统计多达 15 项，如最近访客、时段分析、每日分析、关键词分析等。

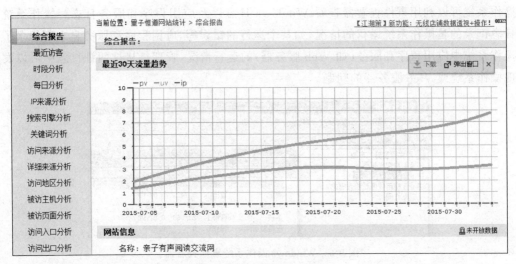

图 9-5　量子恒道统计图

9.2　网站的管理和维护

网站的管理和维护是网站运行期间一项重要的工作,它关系着网站是否运转正常。如果网站一旦出现问题,应在第一时间进行处理。

9.2.1　制订科学合理的网站管理制度

在网站的管理与维护中,很多安全事故的发生都是由于管理制度的不完善、人员责任心不强导致的。因此必须制订全面、可行、合理的制度,保证网站的安全运行。

一般来说,网站管理安全制度要规定网站管理的分工部门及其职责,对网站信息的规范、内容发布、管理员职责等都要做出明确的规定及违反的处罚办法。

一个网站主要由硬件平台、网络操作系统、Web 服务器、数据库系统及网站页面文件等组成,因此网站的管理和维护主要围绕它们进行,涉及的网站管理的安全管理制度也围绕着这些方面去制订。下面将介绍一些在网站管理中涉及的主要制度。

9.2.2　日志管理制度

在网站的建设与管理中,日志系统是一个非常重要的组成部分。它可以记录系统所产生的所有行为,并按照某种规范表达出来。系统管理员可以使用日志系统记录的信息为网站系统进行排错,优化系统的性能。在安全领域,日志系统更为重要,可以说是安全审计方面最主要的工具之一。

在进行网站管理时,要重点检查操作系统日志、应用程序和服务日志、安全系统日志及网站日志。

操作系统日志、应用程序和服务日志由操作系统自动生成。如图 9-6 所示,Windows

操作系统可以利用事件查看器查看 Windows 日志以及应用程序和服务日志。操作系统日志记录的是操作系统运行的情况,如某个运行的错误等,应用程序和服务日志则记录了操作系统中应用程序和服务(如 Web 服务器)的运行情况,管理员从这两种日志中可以发现操作系统或 Web 服务器的问题。

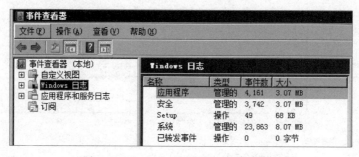

图 9-6　Windows 操作系统事件查看器

安全系统日志主要是指信息安全设备或安全软件(如防火墙系统、路由器设备等)的日志,当网络发生故障时,管理员可以从这些日志中发现问题。

网站日志是记录 Web 服务器接收处理请求以及运行时错误等各种原始信息的文件。网站日志最大的意义是记录网站空间的运营情况以及被访问请求的记录。通过网站日志可以获得以下信息:登录网站的用户使用什么样的 IP、在什么时间使用什么样的操作系统和浏览器、在什么样的显示器分辨率的情况下访问了网站的哪个页面、是否访问成功等。

如果是自购或托管服务器,假如使用的是 IIS,可以从远程登录服务器,然后在 IIS 中找到要查看日志的网站,单击它,在右侧的内容窗口中找到 IIS 项配置项中的"日志",如图 9-7 所示。单击"日志"选项,可以看到网站日志所在的目录位置,如图 9-8 所示。网站日志目录中会有很多日志,每个日志就是一个文本文件,可按时间顺序对日志文件进行排序,然后查看。

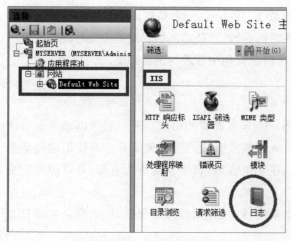

图 9-7　IIS 设置

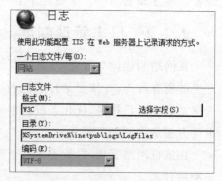

图 9-8　IIS 中的日志目录位置

实训 9-2

查看中国万网虚拟主机提供的网站日志

【实训目的】

(1) 了解网站日志的用途。

(2) 掌握在虚拟主机中查看网站日志的方法。

【知识点】

对于使用虚拟主机的用户,查看网站日志要按各虚拟主机服务商给出的方法进行查看。这里要注意,有的服务商不提供网站日志查看功能。

【实训准备】

在中国万网已经租用了虚拟主机空间。

【实训步骤】

(1) 登录中国万网 http://www.net.cn。

(2) 进入"管理控制台"。

(3) 单击"云虚拟主机"。

(4) 单击租用的虚拟主机右侧的"管理"项。

(5) 在"我的主机"信息中选择"操作日志",如图 9-9 所示,可以查看中国万网提供的网站日志内容。

图 9-9 中国万网提供的虚拟空间网站日志

在网站的日常管理中,网站的管理者必须经常对日志文件定期进行以下工作。

1. 对日志数据进行一致性检查

对日志数据一致性检查主要从以下情况来分析。

(1) 原始日志的结构与系统设置的形式结构是否相符合。

(2) 日志中事件发生的时间与前后事件发生时间是否相符合。

(3) 定期发生的事件少了还是多了。

(4) 定期生成的日志文件少了还是多了。

(5) 是否存在服务器运行后已生成日志文件,还未到指定的删除期限,但是文件却不存在的情况。

对各日志文件的一致性检查状况产生统计表供管理员分析以便采取应急措施。

2. 原始日志完整性和加密保护

对原始日志文件的数据应采用一定的保护策略进行完整性保护。对重要的日志文件用光盘和磁带等介质进行备份,特别敏感的日志文件采用 MD5 散列运算和公/私钥体制的加密算法相结合,实现日志的完整性保护和加密保护,最后压缩存放或介质备份。

9.2.3　数据备份和恢复制度

从网站安全角度来说,对网站进行数据备份是非常必要的,如果不建立网站数据备份制度,没有对网站的数据及时而安全地备份,那么在网站一旦出现意外情况时,带来的损失是无法弥补的。

因此,应建立网站数据备份制度,设计网站备份方案,制订网站备份任务,这样当网站发生问题时能够及时地恢复数据,从而保证网站的正常运行。

为网站制订的网站备份方案应该能够备份网站的关键数据,在网站出现故障甚至损坏时,能够迅速恢复网站。从发现网站出现故障到完全恢复的时间应越短越好。网站备份任务应尽可能减少人工的干预,应能够定时自动地对网站数据进行准确备份。

网站的备份内容主要包括以下两个方面。

1. 网站文件的备份

网站文件的备份一般分为以下两种情况。

(1) 差异备份。差异备份方式是对网站中重要文件的备份,如网站的首页、要更新的某个功能页面等。

(2) 完全备份。完全备份方式是对整个网站的备份,包括网站中所有的目录和文件。

多长时间进行一次整站的备份呢? 一般来说,在下面的几种情况下要进行备份。

(1) 定期备份。一般要按备份计划进行定期备份。

(2) 特殊情况备份,如网站发生迁移时。

(3) 当网站文件发生变动时(如网站模板的变更、网站功能的增删等)要进行备份。这是为了防止网站文件的变动引起整站的不稳定或造成网站其他功能和文件丢失的情况发生。

一般来说,对于网站进行差异备份时,由于文件的变动频率较小,备份的周期相对较长,可以在每次变动网站相关文件前(如功能的变动)进行备份。

对于整个网站的完全备份,一般可以通过远程目录打包的方式,将整站目录打包并且下载到本地,这种方式最简单。而对于一些大型网站,网站目录包含大量的静态页面、图片和其他的一些应用程序,这时可以通过 FTP 工具,将网站目录下的相关文件直接下载到本地,根据备份时间在本地实现定期打包和替换。这样可以最大限度地保证网站的安全性和完整性。

网站文件备份时,应注明备份的日期和时间,有必要的,还应附加一个说明性的文本文件,注明备份时网站的状态。

2. 数据库的备份

数据库对于一个网站来说,其重要性不言而喻。网站文件损坏可以通过一些技术手段实现还原,如模板文件丢失,可以采取另换一套模板的方式;网站文件丢失,可以再重新安装一次网站程序。但如果数据库丢失,这种损坏就难以弥补了。

相对于网站文件而言,网站所用的数据库变动的频率就很快,因此数据库的备份频率相对来说也会更频繁。一般提供主机托管业务或虚拟空间业务的公司通常会每周进行一次数据库的备份。

对于一些使用建站工具(如 Discuz、PHPwind、DEDECMS 等建站系统)做的网站,在后台就提供了数据库一键备份功能,这样可以自动将网站所用的数据库自动备份到指定的网站文件夹中。

如果还不放心,网站管理员可以定期将数据库导出并下载到本地,从而实现数据库的本地、异地双备份。

网站的备份也可以通过一些专业的网站备份工具进行备份。这些备份工具较有名的有 MozyHome、赛门铁克 Backup exec、Dropbox 和 Zetta 等。

9.2.4　权限制度

权限制度是网络安全防范和保护的重要措施,其任务是保证网络资源不被非法使用和访问。

权限制度包括以下内容:入网访问权限、操作权限、目录安全控制权限、属性安全控制权限、网络服务器控制权限、网络监听及锁定权限等。

权限制订主要是针对自购或托管服务器而言,需要在服务器的操作系统上进行相应的安全设置。对于租用虚拟主机的用户来说,权限制度是由虚拟主机提供商进行的。

访问控制是网络安全防范和保护的主要策略,它的主要任务是保证网络资源不被非法使用和访问。它是保证网络安全最重要的核心策略之一。

1. 入网访问控制

入网访问控制为网络访问提供了第一层访问控制。它控制哪些用户能够登录服务器并获取网络资源,控制准许用户入网的时间和准许他们在哪台工作站入网。用户的入网访问控制可分为 3 个步骤:用户名的识别与验证、用户口令的识别与验证、用户账号的默认限制检查。三道关卡中只要任何一关未过,该用户便不能进入该网络。

对网络用户的用户名和口令进行验证是防止非法访问的第一道防线。为保证口令的安全性,用户口令不能显示在显示屏上,口令长度应不少于 6 个字符,口令字符最好是数字、字母和其他字符的组合,用户口令必须经过加密。用户还可采用一次性用户口令,也可用便携式验证器(如智能卡)来验证用户的身份。

网络管理员可以控制和限制普通用户的账号使用、访问网络的时间和方式。用户账号应只有系统管理员才能建立。用户口令应是每个用户访问网络所必需的,用户可以修改自己的口令。系统管理员应该可以对口令做以下控制。

(1) 最小口令长度。

　　（2）强制修改口令的时间间隔。

　　（3）口令的唯一性。

　　用户名和口令验证有效后，再进一步履行用户账号的默认限制检查。网络应能控制用户登录入网的站点、限制用户入网的时间、限制用户入网的工作站数量。网络应对所有用户的访问进行审计。如果多次输入口令不正确，则认为是非法用户的入侵，应给出报警信息，必要时锁定对方 IP 地址。

2. 权限控制

　　网络的权限控制是针对网络非法操作所提出的一种安全保护措施。用户和用户组被赋予一定的权限。网络控制用户和用户组可以访问哪些目录、子目录、文件和其他资源。可以指定用户对这些文件、目录、设备能够执行哪些操作。

　　受托者指派和继承权限屏蔽可作为两种实现方式。受托者指派控制用户和用户组如何使用网络服务器的目录、文件和设备。继承权限屏蔽相当于一个过滤器，可以限制子目录从父目录那里继承哪些权限。

　　根据访问权限，用户可分为以下几类。

　　（1）系统管理员：拥有所有的操作权限。

　　（2）一般用户：系统管理员根据他们的实际需要为他们分配操作权限。

　　（3）审计用户：负责网络的安全控制与资源使用情况的审计。

　　用户对网络资源的访问权限可以用访问控制表来描述。

3. 目录级安全控制

　　网络应允许控制用户对目录、文件、设备的访问。用户在目录一级指定的权限对所有文件和子目录有效，用户还可进一步指定对目录下的子目录和文件的权限。对目录和文件的访问权限一般有 8 种：系统管理员权限、读权限、写权限、创建权限、删除权限、修改权限、文件查找权限和访问控制权限。

　　8 种访问权限的有效组合可以让用户有效地完成工作，同时又能有效地控制用户对服务器资源的访问，从而加强了网络和服务器的安全性。

　　用户对文件或目标的有效权限取决于以下因素：用户的受托者指派、用户所在组的受托者指派、继承权限屏蔽取消的用户权限。系统管理员应当为用户指定适当的访问权限，这些访问权限控制着用户对服务器的访问。

4. 属性安全控制

　　当用文件、目录和网络设备时，网络系统管理员应给文件、目录指定访问属性。属性安全在权限安全的基础上提供更进一步的安全性。网络上的资源都应预先标出一组安全属性。用户对网络资源的访问权限对应一张访问控制表，用以表明用户对网络资源的访问能力。

　　属性设置可以覆盖已经指定的任何受托者指派和有效权限。属性往往能控制以下几方面的权限：向某个文件写数据、复制一个文件、删除目录或文件、查看目录和文件、执行文件、隐含文件、共享、系统属性等。

5. 服务器安全控制

网络允许在服务器控制台上执行一系列操作。用户使用控制台可以装载和卸载模块，可以安装和删除软件等操作。网络服务器的安全控制包括可以设置口令锁定服务器控制台，以防止非法用户修改、删除重要信息或破坏数据；可以设定服务器登录时间限制、非法访问者检测和关闭的时间间隔。

9.3 网站安全防范

黑客攻击是对网站安全的最大挑战。虽然网站管理员会采取多种防范措施，做到让网站更安全，但"道高一尺，魔高一丈"，仍然有黑客突破网站的安全防范措施，进而窃取网站信息或破坏网站内容。所以，作为网站管理人员应正确认识各种安全防范措施的功能特点，进一步加强网站的安全管理。

【小贴士】

黑客是英文 Hacker 的音译，Hacker 这个单词源于动词 Hack，原是指热心于计算机技术且水平高超的计算机专家，尤其是程序设计人员，他们精通计算机硬件和软件知识，对操作系统和程序设计语言有着全面深刻的认识，善于探索计算机系统的奥秘，发现系统中的漏洞及原因所在。他们信守永不破坏任何系统的原则，检查系统的完整性和安全性，并乐于与他人共享研究成果。

如今黑客一词泛指那些未经许可闯入计算机系统进行破坏的人。他们中的一些人利用漏洞进入计算机系统后，破坏重要的数据；另一些人利用黑客技术控制他人的计算机，从中盗取重要资源，进行非法操作。他们已经成了入侵者和破坏者。

9.3.1 防黑客管理

造成网络不安全的主要因素是系统、协议及数据库等设计上存在的缺陷。由于当今的计算机网络操作系统在本身结构设计和代码设计时偏重考虑系统使用时的方便性，导致系统在远程访问、权限控制和口令管理等许多方面存在安全漏洞。

网络互联一般采用 TCP/IP 协议，它是一个工业标准的协议簇，但该协议簇在制订之初，对安全问题考虑不多，协议中有很多的安全漏洞。同样，数据库管理系统(DBMS)也存在数据的安全性、权限管理及远程访问等方面问题。

1. 黑客的进攻过程

1) 收集信息

黑客在发动攻击前需要锁定目标，了解目标的网络结构，收集各种目标系统的信息等。首先黑客要知道目标主机采用的是什么操作系统、什么版本，如果目标主机开放Telnet 服务，黑客只要 Telnet 目标主机，就会显示系统的登录提示信息；接着黑客还会检查其开放端口进行服务分析，看是否有能被利用的服务。

WWW、Mail、FTP、Telnet 等日常网络服务，通常情况下 Telnet 服务的端口是 23，

WWW 服务的端口是 80，FTP 服务的端口是 23。利用信息服务，像 SNMP 服务、Traceroute 程序、Whois 服务可以来查阅网络系统路由器的路由表，从而了解目标主机所在网络的拓扑结构及其内部细节。Traceroute 程序能够获得到达目标主机所要经过的网络数和路由器数。Whois 协议服务能提供所有有关的 DNS 域和相关的管理参数。

Finger 协议可以用 Finger 服务来获取一个指定主机上所有用户的详细信息（如用户注册名、电话号码、最后注册时间以及他们有没有读邮件等），所以如果没有特殊的需要，管理员应该关闭这些服务。可以利用扫描器发现系统的各种漏洞，包括各种系统服务漏洞、应用软件漏洞、CGI、弱口令用户等。

2）实施攻击

当黑客探测到了足够的系统信息，对系统的安全弱点了解后，就会发动攻击，当然他们会根据不同的网络结构、不同的系统情况而采用不同的攻击手段。一般黑客攻击的终极目的是能够控制目标系统、窃取其中的机密文件等，但并不是每次黑客攻击都能够达到控制目标主机的目的，所以有时黑客也会发动拒绝服务攻击之类的干扰攻击，使系统不能正常工作。

3）控制主机并清除记录

黑客利用种种手段进入目标主机系统并获得控制权之后，不会马上进行破坏活动，如删除数据、涂改网页等。一般入侵成功后，黑客为了能长时间地保留和巩固他对系统的控制权，不被管理员发现，他会做两件事：清除记录和留下后门。

日志往往会记录一些黑客攻击的蛛丝马迹，黑客当然不会留下这些"犯罪证据"，他会删除日志或用假日志覆盖它。为了日后可以不被觉察地再次进入系统，黑客会更改某些系统设置、在系统中植入特洛伊木马或其他一些远程操纵程序。黑客会利用一台已经攻陷的主机去攻击其他的主机或者发动 DoS 攻击使网络瘫痪。

2. 黑客常用的攻击方法

1）口令攻击

口令攻击是黑客最老牌的攻击方法，从黑客诞生的那天起它就开始被使用，这种攻击方式有以下三种方法。

（1）暴力破解法。在知道用户的账号后用一些专门的软件强行破解用户口令（包括远程登录破解和对密码存储文件 Passwd、Sam 的破解）。这种方法要有足够的耐心和时间，如果用户账号使用简单口令，黑客就可以迅速将其破解。

（2）伪造登录界面法。在被攻击主机上启动一个可执行程序，该程序显示一个伪造的登录界面，当用户在这个伪装的界面上输入用户名、密码后，程序将用户输入的信息传送到攻击者主机。

（3）通过网络监听来得到用户口令。这种方法危害性很大，监听者往往能够获得其一个网段的所有用户账号和口令。

2）特洛伊木马程序攻击

特洛伊木马程序攻击也是黑客常用的攻击方法，黑客会编写一些看似"合法"的程序，但实际上此程序隐藏有其他非法功能，比如一个外表看似是一个有趣的小游戏的程序，但其实你运行的同时它在后台为黑客创建了一条访问系统的通道，这就是特洛伊木马程序。

当然，只有当用户运行了木马程序后才会达到攻击的效果，所以黑客会把它上传到一些站点引诱用户下载，或者用 E-mail 寄给用户并编造各种理由骗用户运行它，当用户运行此软件后，该软件会悄悄执行它的非法功能。

跟踪用户的计算机操作，记录用户输入的口令、上网账号等敏感信息，并把它们发送到黑客指定的电子信箱。像冰河、灰鸽子这类功能强大的远程控制木马，黑客可以用来像在本地操作一样地远程操控用户的计算机。

3）漏洞攻击

像 IE、Firefox 等浏览器以及操作系统中都包含了很多可以被黑客利用的漏洞，特别是在用户不及时安装系统补丁的情况下，黑客就会利用这些漏洞在用户不知不觉中自动下载恶意软件代码（称为隐蔽式下载），从而造成信息的窃取。如果存在漏洞或者服务器管理配置错误，IIS 和 Apache 等 Web 服务器也经常是黑客攻击的对象。

利用漏洞攻击是黑客攻击中最容易得逞的方法。特别是其中的一些缓冲区溢出漏洞，利用这些缓冲区溢出漏洞，黑客不但可以通过发送特殊的数据包来使服务或系统瘫痪，甚至可以精确地控制溢出后在堆栈中写入的代码，以使其能执行黑客的任意命令，从而进入并控制系统。这就要求网站管理人员定期对网站服务器进行安全的全面检查，以修复服务器漏洞，同时更正服务器错误配置问题，应及时安装系统补丁，防范针对漏洞的攻击。同时，管理员还要了解不同客户端的相关安全信息，从而做好防范工作。

4）拒绝服务攻击

拒绝服务攻击是一种最悠久也是最常见的攻击形式，它利用 TCP/IP 协议的缺陷，将提供服务的网络资源耗尽，导致网络不能提供正常服务，是一种对网络危害巨大的恶意攻击。

严格来说，拒绝服务攻击并不是某一种具体的攻击方式，而是攻击所表现出来的结果，最终使得目标系统因遭受某种程度的破坏而不能继续提供正常的服务，甚至导致物理上的瘫痪或崩溃。拒绝服务攻击方法可以是单一的手段，也可以是多种方式的组合利用，不过其结果都是一样的，即合法的用户无法访问所需信息。

5）欺骗攻击

常见的黑客欺骗攻击方法有 IP 欺骗攻击、电子邮件欺骗攻击、网页欺骗攻击等。

（1）IP 欺骗攻击。黑客改变自己的 IP 地址，伪装成别人计算机的 IP 地址来获得信息或者得到特权。

（2）电子邮件欺骗攻击。黑客向某位用户发了一封电子邮件，并且修改了邮件头信息（使邮件地址看上去和这个系统管理员的邮件地址完全相同），信中他冒称自己是系统管理员，由于系统服务器故障导致部分用户数据丢失，要求该用户把他的个人信息马上用 E-mail 回复给他，从而窃取到用户信息。

（3）网页欺骗攻击。黑客将某个站点的网页都复制下来，然后修改其链接，使得用户访问这些链接时先经过黑客控制的主机，然后黑客会想方设法让用户访问这个修改后的网页，他则监控用户整个 HTTP 请求过程，窃取用户的账号和口令等信息，甚至假冒用户给服务器发送和接收数据。

6）嗅探攻击

要了解嗅探攻击方法，先要知道它的原理：网络的一个特点就是数据总是在流动中，当数据从网络的一台计算机到另一台计算机时，通常会经过大量不同的网络设备，在传输过程中，有人可能会通过特殊的设备（嗅探器，有硬件和软件两种）捕获这些传输网络数据的报文。

嗅探攻击主要有以下两种途径。

（1）针对简单的采用集线器（hub）连接的局域网，黑客只要能把嗅探器安装到这个网络中的任何一台计算机上就可以实现对整个局域网的监听，这是因为共享 Hub 获得一个子网内需要接收的数据时，并不是直接发送到指定主机，而是通过广播方式发送到每台计算机。正常情况下，数据接收的目标计算机会处理该数据，而其他非接收者的计算机就会过滤这些数据，但安装了嗅探器的计算机则会接收所有数据。

（2）针对交换网络的。由于交换网络的数据是从一台计算机发送到预定的计算机，而不是广播的，所以黑客必须将嗅探器放到像网关服务器、路由器这样的设备上才能监听到网络上的数据，当然这比较困难，但一旦成功就能够获得整个网段的所有用户账号和口令，所以黑客还是会通过其他种种攻击手段来实现它，如通过木马方式将嗅探器发给某个网络管理员，使其不自觉地为攻击者进行安装。

7）会话劫持攻击

假设某黑客在暗地里等待着某位合法用户通过 Telnet 远程登录到一台服务器上，当这位用户成功地提交密码后，这个黑客就开始接管该用户当前的会话并摇身变成了这位用户，这就是会话劫持攻击（session）。在一次正常的通信过程中，黑客作为第三方参与其中，或者是在数据流（如基于 TCP 的会话）里注射额外的信息，或者是将双方的通信模式暗中改变，即从直接联系变成与黑客联系。

会话劫持是一种结合了嗅探以及欺骗技术在内的攻击手段，最常见的是 TCP 会话劫持，像 HTTP、FTP、Telnet 都可能被进行会话劫持。

8）在网站上广泛使用移动代码

在浏览器中禁用 JavaScript、Java Applets、.NET 应用、Flash 或 ActiveX 是一个不错的办法，因为这些脚本或程序都会自动在计算机上执行，但如果禁用这些功能，有些网站可能无法正常浏览。这其中有一种称为"跨站脚本攻击（Cross-Site Scripting，XSS）"的方法。攻击者在网页上发布包含攻击性代码的数据，当浏览者看到此网页时，特定的脚本就会以浏览者用户的身份和权限来执行。通过 XSS 可以比较容易地修改用户数据、窃取用户信息以及造成其他类型的攻击。

任何接收用户输入的 Web 应用，如博客、论坛、评论等，都可能会在无意中接收恶意代码，而这些恶意代码可以被返回给其他用户，除非用户的输入被检查确认为恶意代码。在网站设计开始时，网站设计人员就应考虑这些问题。

9）Cookie 攻击

通过 JavaScript 非常容易访问到当前网站的 Cookie。打开一个网站后，在浏览器地址栏中输入 javascript：alert(doucment.cookie)，假如这个网站使用了 Cookie，就立刻可以看到当前站点的 Cookie。攻击者可以利用这个特性来取得网站的一些关键信息。

如果攻击者和 XSS 攻击相配合,就可以在用户的浏览器上执行特定的 JavaScript 脚本,取得浏览器中的 Cookie,这时如果此网站仅依赖 Cookie 来验证用户身份,那么攻击者就可以假冒用户的身份来做坏事了。

现在多数浏览器都支持在 Cookie 上打上 HttpOnly 的标记,凡有此标记的 Cookie 就无法通过 JavaScript 来取得,从而大大增强 Cookie 的安全性。

10) 跨站请求伪造攻击

跨站请求伪造(Cross-Site Request Forgery,CSRF)是另一种常见的攻击。攻击者通过各种方法伪造一个请求,模仿用户提交表单的行为,从而达到修改用户的数据,或者执行特定任务的目的。为了假冒用户的身份,CSRF 攻击常常和 XSS 攻击配合起来做,但也可以通过其他手段(如诱使用户单击一个包含攻击的链接)完成。

解决的思路有以下 2 个。

(1) 采用 POST 请求,增加攻击的难度。用户单击一个链接就可以发起 GET 类型的请求。而 POST 请求相对比较难,攻击者往往需要借助 JavaScript 才能实现。

(2) 对请求进行认证,确保该请求确实是用户本人填写表单并提交的,而不是第三者伪造的。具体可以在会话中增加 Token,确保看到信息和提交信息的是同一个人。

9.3.2 防病毒管理

1. 计算机病毒

计算机病毒是一种计算机程序,是一段可执行的指令代码。就像生物病毒一样,计算机病毒有独特的复制能力,可以很快地蔓延,又非常难以根除。计算机病毒通常与所在的系统网络环境配合起来对系统进行破坏。它具有很强的传染性、一定潜伏性、特定触发性和很大破坏性。

计算机病毒会通过各种渠道从已被感染的计算机扩散到未被感染的计算机,在某些情况下造成被感染的计算机工作失常甚至瘫痪。

计算机病毒一般不用专用检测程序是检查不出来的,它可能存在于计算机中并不发作,而一旦触发条件得到满足,计算机病毒就会发作,严重地破坏系统的操作,如格式化磁盘、删除磁盘文件、对数据文件进行加密、封锁键盘及使系统死机等。它的触发条件可能是时间、日期、文件类型或某些特定数据等。

2. 典型的计算机病毒

1) 木马程序

木马程序全称为特洛伊木马,是指潜伏在计算机中,由外部用户控制以窃取本机信息或者控制权的程序。大多数木马程序都有恶意企图,如盗取 QQ 账号、游戏账号、银行账号等,还会带来占用系统资源、降低计算机效率、危害本机信息数据的安全等一系列问题,甚至会将本机作为攻击其他计算机的工具。

木马程序的传播方式可分为以下几种方式。

(1) 通过邮件附件、程序下载等形式进行传播,因此用户不要随意下载或使用来历不明的程序。

（2）木马程序可伪装成某一网站用户登录页的界面形式以骗取用户输入个人信息，从而获得他人合法账户信息的目的。

（3）木马程序可通过攻击系统安全漏洞传播木马，如黑客可使用专门的黑客工具来传播木马。

2）蠕虫病毒

蠕虫病毒是一种常见的计算机病毒。它利用网络和电子邮件进行复制和传播。一旦感染蠕虫病毒，就可能产生两种恶果：一种是面对大规模计算机网络发动拒绝服务；另一种是针对个人用户执行大量垃圾代码。当蠕虫病毒形成规模，传播速度过快时会极大地消耗网络资源导致大面积网络拥塞甚至瘫痪。

蠕虫病毒的传染目标是互联网内的所有计算机。局域网条件下的共享文件夹、电子邮件、网络中的恶意网页以及大量存在着漏洞的服务器等都是蠕虫传播的途径。

Mydoom 邮件病毒、Nimda 病毒、冲击波、爱虫等病毒都属于蠕虫病毒。

3）CIH 病毒

CIH 病毒属于文件型病毒，只感染 Windows 9X 操作系统下的可执行文件。当受感染的.exe 文件执行后，该病毒便驻留在内存中，并感染所接触到的其他 PE（Portable Executable）格式执行程序。

随着技术更新的频率越来越快，主板生产厂商使用 EPROM 来做 BIOS 的存储器，这是一种可擦写的 ROM。通常所说的 BIOS 升级就是借助特殊程序修改 ROM 中 BIOS 里的固化程序。采用这种可擦写的 EPROM，虽然方便了用户及时对 BIOS 进行升级处理，但同时也给病毒带来了可乘之机。CIH 的破坏性在于它会攻击 BIOS、覆盖硬盘、进入 Windows 内核，取得核心级控制权。

3. 计算机反病毒技术

杀病毒必须先搜集到病毒样本，使其成为已知病毒，然后剖析病毒，再将病毒传染的过程准确地颠倒过来，使被感染的计算机恢复原状。因此可以看出，一方面计算机病毒是不可灭绝的，另一方面病毒也并不可怕，世界上没有杀不掉的病毒。

从具体实现技术的角度，常用的反病毒技术有以下几种。

1）病毒代码扫描法

将新发现的病毒加以分析后根据其特征编成病毒代码，加入病毒特征库中。每当执行杀毒程序时，便立刻扫描程序文件，并与病毒代码比对，便能检测到是否有病毒。病毒代码扫描法速度快、效率高。使用特征码技术需要实现一些补充功能，如近来的压缩包、压缩可执行文件自动查杀技术。大多数防毒软件均采用这种方式，但是无法检测到未知的新病毒以及变种病毒。

2）人工智能陷阱

人工智能陷阱是一种监测计算机行为的常驻式扫描技术。它将所有病毒所产生的行为归纳起来，一旦发现内存的程序有任何不当行为，系统就会有所警觉，并告知用户。其优点是执行速度快、手续简便且可以检测到各种病毒；其缺点是程序设计困难且不容易考虑周全。

3）先知扫描法

先知扫描法（Virus Instruction Code Emulation，VICE）是继软件模拟技术后的一大突破。既然软件模拟可以建立一个保护模式下的 DOS 虚拟机器，模拟 CPU 动作并模拟执行程序以解开变体引擎病毒，那么类似的技术也可以用来分析一般程序检查可疑的病毒代码。因此，VICE 将工程师用来判断程序是否有病毒代码存在的方法，分析归纳成专家系统知识库，再利用软件工程的模拟技术（Software Emulation）假执行新的病毒，就可分析出新病毒代码对付以后的病毒。

先知扫描法技术是专门针对未知的计算机病毒所设计的，利用这种技术可以直接模拟 CPU 的动作来侦测出某些变种病毒的活动情况，并且研制出该病毒的病毒码。由于该技术较其他解毒技术严谨，对于比较复杂的程序在病毒代码比对上会耗费比较多的时间，所以该技术的应用不那么广泛。

4）主动内核技术

主动内核技术（ActiveK）是将已经开发的各种网络防病毒技术从源程序级嵌入操作系统或网络系统的内核中，实现网络防病毒产品与操作系统的无缝连接。这种技术可以保证网络防病毒模块从系统的底层内核与各种操作系统和应用环境密切协调，确保防毒操作不会伤及操作系统内核，同时确保杀灭病毒的功效。

9.3.3　数据库的安全防范

数据库是网站运营的基础和生存要素，无论是个人的网站还是企业网站，只要是初具规模且有一定用户的访问，都离不开数据库的支持。所以，如何保证数据库的安全是网站管理的重中之重。

由于网站采取的数据库不同，因此不同的数据库进行安全防范的方法也不一样。本节以前文讲过的 SQL Server 为例进行介绍。

1. 数据加密

SQL Server 使用 Tabular Data Stream 协议进行网络数据交换，如果不加密，所有的网络传输都是明文的，包括用户名、密码以及数据库内容等，因而能被人从网络中截取数据信息，这将会给数据库的安全带来巨大的威胁。所以，在条件允许的情况下尽量使用 SSL（安全套接层）来加密协议，当然这需要证书进行支持。

🔔【小贴士】

SSL（Secure Socket Layer，安全套接层）协议位于 TCP/IP 协议与各种应用层协议之间，为数据通信提供安全支持。SSL 协议可分为两层：SSL 记录协议（SSL Record Protocol），它建立在可靠的传输协议（如 TCP）之上，为高层协议提供数据封装、压缩、加密等基本功能的支持；SSL 握手协议（SSL Handshake Protocol），它建立在 SSL 记录协议之上，用于在实际的数据传输开始前，通信双方进行身份认证、协商加密算法、交换加密密钥等。

2. 安全账号策略

由于网络数据库往往是面向多用户多访问的，用户不同，访问要求和访问权限也不一样。对于网站数据库来说,访问用户多种多样,按权限要求可将用户分为以下几种。

(1) 一般用户。

(2) 数据库系统管理员。

(3) 数据库管理员。

(4) 超级用户。

由于 SQL Server 不能更改超级用户 SA 的用户名称,也不能删除这个用户,所以,必须要对这个账号进行最强的保护,最好不要在数据库应用程序中使用 SA 账号,只有当没有其他方法登录到 SQL Server 实例时才启用 SA 用户。数据库管理员应新建立一个拥有与 SA 用户权限完全相同的超级用户来管理数据库。安全的账号策略还包括不要让管理员权限的账号泛滥。

3. 周期性备份数据库

备份数据库的内容在前面已经讲过,这里不再赘述。在 SQL Server 中可以使用数据库备份或者导出数据的方式在不影响数据库使用的前提下将数据库进行备份。使用数据库备份的方式将产生一个扩展名为.bak 的文件,使用数据导出的方式可以将 SQL Server 数据库导出到其他格式的数据库(如 Access、Excel、文件等)。

9.4 网站升级

网站运营一段时间后,因为网络技术的发展以及网站服务器环境的改变,企业原有网站可能会出现兼容性、整体视觉、功能实现等方面的缺陷。此时进行网站升级服务,就可以迅速弥补以上不足。

【小贴士】

不要将网站升级与网站维护相混淆。这两者是不同层次的概念。

(1) 网站维护是对网站的内容做部分的、局部的、微小的修改和完善,它不改变网站的整体风格和主要功能。

(2) 网站升级是对网站整体的改造,是网站新的生命周期的开始。

9.4.1 进行网站升级的决定因素

网站升级是在网站发布之后,那么为什么网站管理方要对已经投入运营的网站进行升级呢?对网站的升级是不是必要?升级之后会对网站的使用带来哪些好处?要回答这些问题,首先要了解决定网站升级的关键因素。

1. 网站访问速度

【案例 1】

5G 是指第 5 代移动通信网络(5th Generation Mobile Networks),是新一代的蜂窝移动通信技术,其性能目标是减少高数据速率延迟,节省能源,降低成本,提高系统容量和大规模设备连接,其主要优势在于数据传输速率远高于以前的蜂窝网络,最高可达 10Gb/s,比 4G 快 100 倍。伴随着 5G 技术的应用,智能家居、智慧城市、智能交通、智能制造都会一一实现!

网络速度加快,延迟卡顿现象将会消失。5G 将与 3G 和 4G 技术一起提供服务,多种接入方式可实现更快速的连接,可一直保持在线状态。传输速率的大幅提升将大大提升用户的体感功能,促进 VR(虚拟现实)、AR(增强现实)的应用。5G 技术的应用实现了物联物、人联物,未来生活中的智能家居、智慧城市、智能汽车、智能机器人等将全部建筑在 5G 的基础上。换句话说,5G 的应用将彻底颠覆人们的生活,颠覆整个经济体系。5G 是一场系统性的革命,它以技术为驱动,从人与人的连接延伸到万物连接,从个人和家庭延伸到社会各个领域,进而对社会经济生活产生了革命性的影响,促使其从信息化到智能化的转变。

 【案例 2】

本案例出自 2022-11-18 14:00 新京报社官方账号。

新京报讯(记者陈奕凯)据英国广播公司(BBC)当地时间 11 月 18 日报道,瓦努阿图的多个政府网站已瘫痪 11 天,其服务器疑似遭到网络攻击。瓦努阿图的议会、警方和总理办公室的网站已瘫痪。另外,该国学校、医院以及所有政府部门的电子邮件系统、内部网站和在线数据库均已瘫痪。这些网站或网络服务的瘫痪,导致瓦努阿图约 31.5 万名居民在纳税、开发票、申请执照和签证等事务上遇到困难。当地政府工作人员不得不采取人工方式处理业务,这导致许多业务延期或被迫暂停。一些工作人员使用个人邮箱和个人网络热点处理业务。

另据澳大利亚《悉尼先驱晨报》报道,疑似有网络黑客要求瓦努阿图政府支付赎金,但瓦努阿图政府拒绝支付。对于疑似黑客的身份、网络攻击如何发生、网络何时能够恢复等疑问,目前仍然没有答案。

其实类似于上面网站瘫痪事件还有很多起,网站瘫痪对网站的影响极其重大。由于使用者不能及时登录网站完成自己必要的操作,造成使用者的损失。这样势必引起使用者对网站给予最差的评价,或许由于这样的事件发生,网站会有大量的用户流失。

网站瘫痪这样的案例提醒企业必须运维好自己的网站。

网站是基于硬件的,当网站的访问量大,硬件工作负载自然就会加大,由于发热或老化等问题会导致性能下降甚至失效,导致硬件上的自我保护性关闭或崩溃,从而使网站瘫痪。

目前大部分网站都跟后台的数据库有联系。无论使用 MSSQL、MySQL、Oracle 还是 Sybase 等数据库,其可负荷的并发用户操作(访问、检索、轮询等)的线程数是有限的,而当网站的数据库编程水平低(如代码逻辑错误或代码结构太过复杂没有优化)或数据库技术本身的缺陷(数据库系统自身的 BUG、结构的复杂程度、耗用系统资源的程度等)都会使数据库系统的可靠性进一步降低。当数据库的访问量过大,也会一时间造成网站的瘫痪。

网站瘫痪影响了网站的访问速度,造成网站使用体验差的现象。如果网站发生这样的现象,就说明网站管理方应找出发生此类现象的原因,对网站进行升级。

2. 网站业务功能

网站运营中首要的是用户数,只有用户数多的网站才有意义。对于开展电子商务的网站来说,交易量也是衡量网站建设优劣的重要指标。如果一个网站用户数很少或者交易量很低,这时网站管理方就要从网站业务功能考虑问题所在了。

(1) 目前的网站设计是否符合企业文化的要求? 是否能体现公司形象?

(2) 目前的网站构架是否合理? 能否完美展示公司资料和产品信息?

(3) 目前的网站是否符合当前进行网络优化推广的需求? 如网站页面代码、URL 标准、站内连接是否合理规范? 内容标题、关键字设置是否方便?

(4) 网站业务功能是否健全? 是否配套了在线客服系统、网络营销分析系统等网络营销工具,是否能方便和访客客户交流,能否让用户时刻了解网站的现状?

一般可通过发放网站用户调查问卷等方式从用户处了解网站业务功能存在的问题,从搜索引擎优化以及网站流量统计与分析工具中找到答案。

当发现的确是由于网站业务功能的问题造成网站访问量低时,就应该通过网站升级的方式提升网站业务功能。

3. 网站并发访问的处理能力

当网站面对大量用户访问、出现高并发请求时,为了防止出现网站瘫痪的情况发生时,应使用高性能的服务器、高性能的数据库和 Web 容器以及高效率的编程语言应对。这在一定程度上意味着更大的投入,如果网站用户数量增多,而以前在网站的规划、设计和开发中并未使用上述应对措施,则应考虑进行网站升级。

4. 网站安全性和可靠性

在网站运营中,网站的安全性和可靠性是非常重要的,特别是开展电子商务的网站,由于涉及资金管理,如果安全性和可靠性发生问题,那后果是非常严重的。

 【案例3】

本案例来自哈客部落,发布时间:2022-12-11 13:06:51。

Magecart 黑客入侵了 80 多个电子商务网站窃取信用卡。Aite Group 和 Arxan Technologies 的研究人员今天在与《黑客新闻》分享的一份报告中透露,他们在美国、加拿大、欧洲、拉丁美洲和亚洲运营业务受损,许多受损网站都是赛车运动行业和高端时尚界的知名品牌。

在一个日益数字化的世界,Magecart 攻击已经成为电子商务网站的一个关键网络安全威胁。Magecart 是一个总称,指的是不同的网络犯罪集团,他们专门在受损的电子商务网站上秘密植入在线信用卡撇取器,意图窃取客户的支付卡详细信息。

这些虚拟信用卡浏览器,也被称为 formjacking 攻击,基本上是黑客秘密插入受损网站(通常位于购物车页面)的 JavaScript 代码,旨在实时捕获客户的支付信息,并将其发送到远程攻击者控制的服务器。

Magecart 是因对英国航空公司、Ticketmaster、Newegg 等大公司实施了几起引人注目的抢劫而备受关注。

类似的网站被黑客攻击的事件几乎每天都在发生，这就提醒企业，网站的安全性和可靠性问题不容小觑。如果网站发生过这样的情况，就要马上开展调查，找到网站被黑客攻击的原因，立刻进行弥补，通过网站升级的方式提高网站的安全性和可靠性。

【小贴士】

网站提高并发访问的处理能力可从以下几方面入手。

1. HTML 静态化

网站中，效率最高、消耗最小的就是静态化的 HTML 页面，因此应尽可能采用静态页面技术实现网站上的页面设计。但是对于大量内容并且频繁更新的网站，实际上是无法全部手动实现的，此时就可以使用信息发布系统(CMS)，将站点的新闻等频道通过信息发布系统来管理和实现。

信息发布系统可以实现最简单的信息录入自动生成静态页面，还能具备频道管理、权限管理、自动抓取等功能，对于一个网站来说，拥有一套高效、可管理的 CMS 是必不可少的。

除了门户和信息发布类型的网站，对于交互性要求很高的社区类型网站来说，尽可能静态化也是提高性能的必要手段，将社区内的帖子、文章进行实时的静态化、有更新时再重新静态化也是大量使用的策略，像 Mop 的大杂烩、网易社区等就使用了这样的策略。

同时，HTML 静态化也是某些缓存策略使用的手段，对于系统中频繁使用数据库查询但是内容更新很少的应用，可以考虑使用 HTML 静态化来实现。比如论坛中论坛的公用设置信息，这些信息可以进行后台管理并且存储在数据库中，这些虽然大量被前台程序调用，但是更新频率很小，可以考虑将这部分内容后台更新时进行静态化，从而避免了大量的数据库访问请求。

2. 图片服务器分离

对于 Web 服务器来说，不管是 Apache、IIS 还是其他容器，图片是最消耗资源的，在网站设计时应将图片与页面进行分离，这是多数大型网站都会采用的策略，即用独立的，甚至很多台的图片服务器来专门存储网页中的图片。这样的架构可以降低提供页面访问请求的服务器系统压力，并且可以保证系统不会因为图片问题而崩溃。

3. 数据库集群、库表散列

多数网站都要使用数据库，那么在面对大量访问时，数据库的瓶颈很快就能显现出来，这时一台数据库将很快无法满足应用，此时可使用数据库集群或者库表散列。

在数据库集群方面，很多数据库都有自己的解决方案，网站中使用了什么样的数据库，就要参考相应的解决方案来实施。

数据库集群由于在架构、成本、扩张性方面都会受到所采用数据库类型的限制，于是从应用程序的角度来考虑改善系统架构，库表散列是常用并且最有效的解决方案。

库表散列就是在应用程序中安装业务或应用功能时将数据库进行分离，不同的模块对应不同的数据库或者表，再按照一定的策略对某个页面或者功能进行更小的数据库散列,如用户表,按照用户 ID 进行表散列,这样就能够低成本地提升系统的性能并且有很好的可扩展性。

搜狐论坛采用以下架构:将论坛的用户、设置、帖子等信息进行数据库分离,然后对帖子、用户按照版块和 ID 进行散列数据库和表,最终可以在配置文件中进行简单的配置,便能让系统随时增加一台低成本的数据库来补充系统性能。

4. 缓存

缓存就是数据交换的缓冲区(称为 Cache),当某一硬件要读取数据时,会首先从缓存中查找需要的数据,如果找到了则直接执行,找不到则从内存中找。由于缓存的运行速度比内存快得多,故缓存的作用就是帮助硬件更快地运行。

网站中的缓存技术包括架构和网站程序开发两方面的缓存。

(1) 架构方面的缓存,如 Apache 提供了自己的缓存模块,也可以使用外加的 Squid 模块进行缓存,这两种方式均可以有效地提高 Apache 的访问响应能力。

(2) 网站程序开发方面的缓存,Linux 上提供的 Memory Cache 是常用的缓存接口,可以在 Web 开发中使用,比如用 Java 开发时就可以调用 MemoryCache 对一些数据进行缓存和通信共享,一些大型社区使用了这样的架构。另外,在使用 Web 语言开发时,各种语言基本都有自己的缓存模块和方法。

5. 镜像

镜像是大型网站常采用的提高性能和数据安全性的方式,镜像的技术可以解决不同网络接入商和地域带来的用户访问速度差异,比如 ChinaNet 和 EduNet 之间的差异就促使了很多网站在教育网内搭建镜像站点,数据进行定时更新或者实时更新。

6. 负载均衡

负载均衡将是大型网站解决高负荷访问和大量并发请求采用的高端解决办法。一个典型的使用负载均衡的策略就是,在软件或者硬件四层交换的基础上搭建 Squid 集群,这种思路在很多大型网站包括搜索引擎上被采用,这样的架构低成本、高性能还有很强的扩张性,随时往架构里增减节点都非常容易。使用这种技术主要在于升级硬件。

9.4.2　网站升级的内容

从上一节内容可以发现,网站升级应包括软件和硬件的升级。

1. 硬件平台的升级

当一个网站用户数量增加,访问量不断加大,网站规模也会随之不断扩大,对硬件要求也就越来越高。假如网站在创建时采用的是租用虚拟主机和空间的方式,应随着用户的增加不断提高网站流量和网站空间(可通过追加资金购买的方式解决)。但如果网站用户人数进一步增加,可能使用租用虚拟主机和空间的方式已经不适合网站的运营需要了。

此时可改为自购服务器或托管服务器的方式对网站进行升级服务,同时升级网络出口设备,进一步提升网站的出口带宽,如采取改变网站接入 Internet 的方式,使用速度更快的接入方式。注意随时提升硬件性能,做到网站的负载平衡。

2. Web 服务器软件升级

网站系统中的 Web 服务器软件有重要的功能和作用。它负责向用户发送用户提交的浏览器请求的文档，只有使用 Web 服务器，才能真正将网站文件变为网页，才能让用户看到他需要浏览的网页内容。

由于 Web 服务器软件随着版本的升级，其性能和安全性都会不断增强，因此，一个网站要提升其性能也应不断地升级网站系统所使用的 Web 服务器软件。

常用的 Web 服务器软件都会带有版本号，如微软的 IIS 最新版本是 8.5，Apache 的最新版本是 2.4。升级 Web 服务器软件时，可查看网站使用的 Web 服务器的版本号，对比最新的版本，然后按照相应的升级方法进行升级。

【小贴士】

Web 服务器软件的升级不可盲目，一定要注意其适用版本。比如 IIS，不同的版本可能适用于不同的 Windows 操作系统，要确保升级的 Web 服务器软件版本在当前使用的操作系统中可用。

同时，要注意使用 Web 服务器软件的正式版本，不要使用测试版的 Web 服务器。

使用前，最好先在测试机上对新版本的 Web 服务器软件进行体验，也可以查看网上别人对新版 Web 服务器软件的评价，以免新版有 Bug，造成网站运营出现问题。

3. 数据库升级

网站使用的数据库软件也会不断地进行升级，其版本号会越来越高。新版本的数据库软件可能性能更高，效率更快。为了提升网站的性能，就需要对网站数据库进行升级。升级数据库服务器的情况相较于升级 Web 服务器软件来说可能显得复杂一些。

由于网站的后台代码中可能存在操作数据库的语句，当数据库软件升级后，对某些数据的操作语句可能会发生变化，这样就要求修改网站后台的部分代码。因此，进行数据库升级前，应在本地对升级数据库的网站进行全面测试，确保网站没有因为升级数据库带来问题后再对网站真正升级。

4. 网站编程技术的升级

为了更好地为用户提供服务，网站需要不断改进界面并且提升服务功能，因此各种各样的网站新技术层出不穷。在网站升级中，可以不断地利用网站编程新技术升级网站。下面介绍两种网站编程技术。

1）Ajax

Ajax 是异步 JavaScript 和 XML（Asynchronous JavaScript and XML）的英文缩写，它是一种创建交互式网页应用的页面开发技术，它由 Jesse James Garrett 提出，而大力推广的是 Google，在 Google 发布的 Gmail、Google Suggest 等应用上都使用了 Ajax 技术。

在没有使用 Ajax 之前，Web 站点将强制用户进入"提交-等待-刷新页面"的步骤。传统的 Web 页面允许用户填写表单，并将表单提交给 Web 服务器，然后等待服务器对其进行处理。处理时间会由于要处理的数据的复杂程度不同而长短不定，处理完成后返回给客户端一个新的页面。

由于每次信息交互的处理都需要向服务器发送请求,处理的响应时间依赖于网络速率和服务器的运算能力,导致了客户端界面的响应比本地应用慢得多,用户需要等待比较长的时间才能看到结果,因此这种做法浪费了许多带宽和用户的时间。

使用 Ajax 技术就解决了这个问题,它提供与服务器异步通信的能力,从而使用户从"提交-等待-刷新页面"的步骤中解脱出来,使浏览器可以为用户提供更为自然的浏览体验。借助 Ajax 技术,在用户单击按钮时,使用 JavaScript 和 DHTML 等技术立即更新页面,同时向服务器发出异步请求,以执行更新或查询数据库的操作。

当结果返回时,可以使用 JavaScript 和 CSS 等技术更新部分页面,而不是刷新整个页面,这样可以大大降低用户等待响应的时间,甚至用户不知道浏览器正在与服务器通信,这使 Web 站点看起来像是即时响应的。

2) 图片水印技术

随着数字时代的到来,多媒体数字世界丰富多彩,如何保护这些数字产品的版权,就显得非常重要了。借鉴印刷品中水印的含义和功用,人们提出了类似的概念和技术保护数字图像、数字图片和数字音乐等多媒体数据,因此就产生了数字化水印的概念。

为了保护网站中图片的版权,防止被他人非法盗用,在图片传到网站上时,给这些图片加上一些标识信息,这种方法就是图片水印技术,使用这种方法既能够标识网站图片,起到保护图片版权的作用,又能很好地宣传网站。

图片水印技术一般分为两种类型:一种是普通水印技术;另一种是数字水印技术。

普通水印技术是将版权文字或信息附加到图片上,使水印标识与图片同时存在。当用户复制这幅图片时,连同水印标识一同复制,这样可以比较好地保护图片的版权。

数字水印技术是指用信号处理的方法在数字化的多媒体数据中嵌入隐蔽的标记,这种标记通常是不可见的,只有通过专用的检测器或阅读器才能提取。这样既不会影响用户正常浏览图片,也不易将水印标记从图片中去除,可以更好地保护图片的版权。

5. 网站功能的升级

当旧有的网站功能不能满足用户时或者网站管理方想给用户以新的使用体验,就需要对网站功能进行升级。网站功能的升级一般会涉及网站界面改变、增加新栏目或者减少旧栏目等。

由于原有用户不一定能适应新版的网站功能,因此,此种升级应在网站中保留旧版的功能,如在网站首页中增加一个"使用旧版"或"体验新版"的链接,让喜欢新旧版面功能的用户都可以按照自己喜欢的方式浏览网站。

9.4.3　网站升级的步骤

网站升级的步骤概括来说,就是"定位分析-网站诊断-营销分析-综合优化-整合推广"。具体来说,可按以下步骤进行。

(1) 对客户所在行业、客户本身进行深度分析。

(2) 对网站目标用户再次进行需求调查。由于在网站规划时已经进行过用户需求调查,但现在由于发布的网站用户量低或交易量少,因此需要重新对用户进行需求调查,找到网站问题所在。

（3）对客户原有网站进行整体诊断和分析,并根据分析结果,简要制订网站诊断分析报告。原有的网站使用量低,肯定有其问题,这时就需要对原有的网站进行诊断,找出症结所在。

（4）就目标用户需求调查与诊断分析报告和客户进行沟通协商,最后确定网站改版的整个方向与进行方式,全面确定网站改版整个流程与有效运行机制。

（5）详细制订网站结构规划、内容定位,并在此基础上编写网站改版方案。

（6）就具体实施方案与客户进行有效沟通,确定网站改版的各个具体细节。

（7）根据网站改版实施方案,整合组织各部门人员,有效分配和整合资源,对改版项目进行全面的开发建设。

（8）对开发整合后的网站成品,进行功能及运行性能的测试,并通过测试纠正开发过程中的偏差,将修正过后的网站移植入实际运营环境,继续进行整合测试,直至网站完全开放、发布。

（9）针对改版后的网站进行用户满意度调查,及时修改纠正新版网站中不太合理或不足的地方,保证网站最大限度地满足目标用户的所有需求。

9.4.4　网站升级的注意事项

在网站升级的过程中应注意以下事项,否则可能给网站运营带来问题。

1. 网站升级的时间

由于网站升级极有可能对网站的正常访问产生影响,故应在访问人数最少的时间段进行升级。由于网站类型不同,网站流量大小的时段也不同,并没有一个严格的时间限制网站升级的时间。作为网站管理者来说,平时要注意网站数据的收集和利用,发现统计规律,尽量选择网站的访问量最低时进行升级。

同时,对网站升级要提前做好计划,至少在升级前一周在网站的显要位置进行告知。如果遇到紧急情况进行的升级是之前没有计划的,应在网站首页上进行提示。一般应在告知书上写明升级的结束时间。

2. 网站升级前要建立备份网站

网站升级前要对原网站进行备份,以便当新版网站出现问题后能够及时恢复旧网站。如果业务非常重要,不允许中断,可以先对原网站做一个镜像网站,把升级阶段的业务转移到镜像网站上去运营,等升级完成后再实现无缝迁移。

3. 网站升级的数据保护

在设计新数据库时,要考虑与原有数据库的兼容,尽量使用原数据库的功能。同时,由于旧网站中的数据库已经积累了大量有价值的历史数据,在网站升级后,原数据库中的数据应保留,而不应被删除。

4. 在网站内部设置版本号

由于网站不断地升级,为了区分网站不同的版本,应在网站内部设置版本号,这个版本号不需要用户知道,但作为网站管理方,应清楚地知道当前网站使用的是哪个版本,每个版本有哪些改进等。应撰写网站内部版本号的说明文档,以记录这些内容。

本章小结

本章主要介绍网站评价的方法、网站流量统计与分析的工具和方法、网站管理与维护的主要制度内容、网站安全防范的内容和方法以及网站升级。

网站评价中,需要使用主动和被动两种方法同时进行,主动的是向网站使用者发放调查,了解网站用户的真实需求和对网站的使用体验。被动的是利用搜索引擎、网站流量统计和分析工具对流量的各项指标进行分析,得出客观的数据,从而对网站的各项情况进行分析和总结。

网站发布投入使用后,要建立健全科学合理的网站管理制度,以保证网站的正常使用。特别是对日志管理制度、数据备份制度、权限制度等要严格执行。

网站管理方要熟悉日志管理、网站数据备份、数据库备份、网站操作权限等操作。

网站升级是网站规模扩大、网站人数增加的必然。应深刻理解网站升级的内容和步骤以及注意事项,确保网站在升级后能正常使用。

本章习题

(1) 什么是网站评价?

(2) 网站流量统计与分析有哪些工具?

(3) 如何使用量子恒道工具进行网站流量的统计与分析?

(4) 网站管理中要注意哪些问题?

(5) 网站与数据库如何进行备份和恢复?

(6) 网站为什么要升级?

(7) 网站升级有哪些内容?

(8) 网站升级时要注意哪些事项?

(9) 请对第 8 章第 4 题中网站推广的学院网站进行网站流量分析与统计,然后分析网站的运营情况,找出其不足。

参考文献

[1] 杨威.网络工程设计与安装[M].北京:电子工业出版社,2003.
[2] 杨卫东.网络系统集成与工程设计[M].北京:科学出版社,2005.
[3] 肖永生.网络互联技术[M].北京:高等教育出版社,2006.
[4] 赵立群.计算机网络管理与安全[M].北京:清华大学出版社,2008.
[5] 温谦.HTML+CSS网页设计与布局从入门到精通[M].北京:人民邮电出版社,2008.
[6] 张殿明,徐涛.网站规划建设与管理维护[M].北京:清华大学出版社,2008.
[7] 王达.Cisco/H3C交换机配置与管理完全手册[M].北京:中国水利水电出版社,2009.
[8] 丛书编委会.中小企业网站建设与管理(动态篇)[M].北京:电子工业出版社,2011.
[9] 刘志,佟晓,许银龙.网站策划师成长之路[M].北京:机械工业出版社,2011.
[10] 王达.路由器配置与管理完全手册[M].武汉:华中科技大学出版社,2011.
[11] 丛书编委会.中小企业网站建设与管理(静态篇)[M].北京:电子工业出版社,2011.
[12] 徐曦.网页制作与网站建设完全学习手册[M].北京:清华大学出版社,2012.
[13] 李海平.电子商务网站建设与管理实务[M].北京:中国水利水电出版社,2012.
[14] 刘晓晓.网络系统集成[M].北京:清华大学出版社,2012.
[15] 李京文.网站建设技术[M].北京:中国水利水电出版社,2012.
[16] 臧文科,胡坤融.网站建设与管理[M].北京:清华大学出版社,2012.
[17] 李建中.电子商务网站建设与管理[M].北京:清华大学出版社,2012.
[18] 何新起.网站建设与网页设计从入门到精通[M].北京:人民邮电出版社,2013.
[19] 徐洪祥,刘书江.网站建设与管理案例教程[M].北京:北京大学出版社,2013.
[20] 张晓景.网页色彩搭配设计师必备宝典[M].北京:清华大学出版社,2014.
[21] 梁露.中小企业建设与管理[M].北京:电子工业出版社,2014.
[22] 蔡永华.网站建设与网页设计制作[M].北京:清华大学出版社,2014.
[23] 胡秀娥.完全掌握网页设计和网站制作实用手册[M].北京:机械工业出版社,2014.
[24] 吴春明,邹显春.网页制作与网站建设[M].重庆:西南师范大学出版社,2014.
[25] 张蓉.网页制作与网站建设宝典[M].北京:电子工业出版社,2014.
[26] 刘玉红.网站开发案例课堂:HTML5+CSS3+JavaScript网页设计案例课堂[M].北京:清华大学出版社,2015.
[27] 范生万,王敏.电子商务网站建设与管理[M].上海:华东师范大学出版社,2015.
[28] 王耀,王爱赪.中小企业网站建设与管理[M].北京:清华大学出版社,2016.

参考网站

[1] 设计导航 http://hao.wafcn.com/
[2] 21互联远程教育网 https://study.163.com/provider/587961/index.htm?_trace_c_p_k2_=8fa4d17691264790859bee9b3bfc6f87
[3] 网站建设与管理-网站首页 https://www.sitestar.cn/?bd_vid=12426941020873080802
[4] 网易学院 http://design.yesky.com/
[5] 中国教程网-新网 https://www.xinnet.com/xinzhi/tags/21984.html
[6] 百度、百度文库、搜狐、谷歌等网站
[7] Kooboo CMS官方网站(含下载地址等)http://kooboo.com/
[8] Kooboo CMS模板下载网站 http://sites.kooboo.com/
[9] Kooboo CMS中文帮助文档 http://wiki.kooboo.com/?wiki=Kooboo_CMS_Chinese_Document#Kooboo_CMS.E6.8A.80.E6.9C.AF.E8.83.BD.E6.99.AF